Kimbisa Igba Ache Idajun

AVENTERE

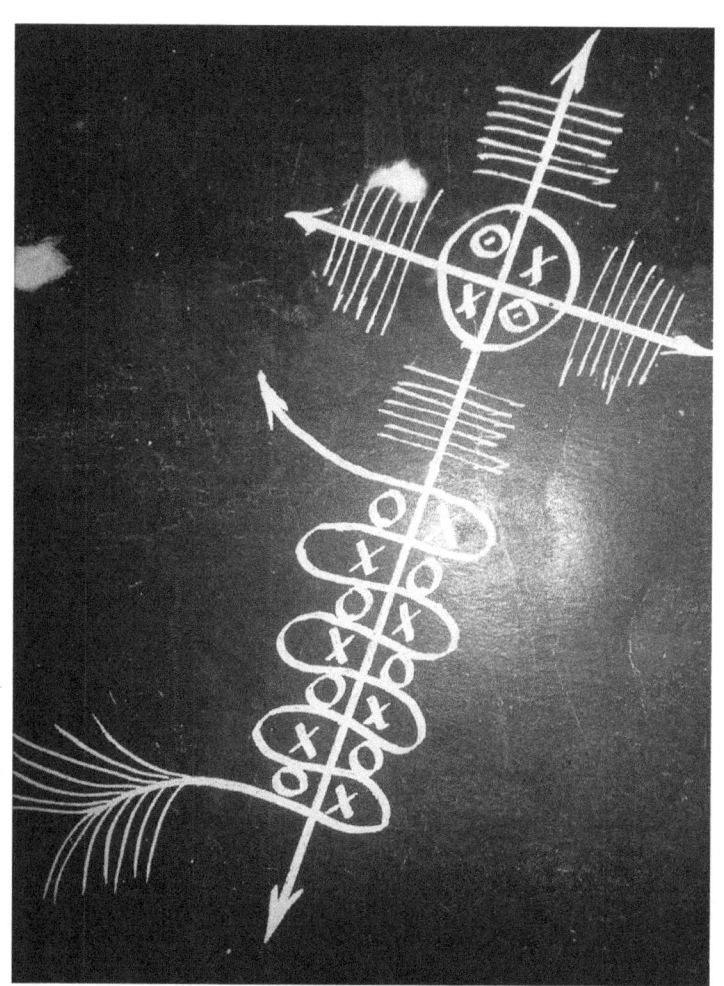

El Viaje de La Semilla

Olofi para Santeros

Obakinioba Obatesi

AVENTERE, el Viaje de La Semilla

Olofi para Santeros

Kimbisa Igba Ache Idajun.

Primera Edicion

ISBN 978-1-329-48277-7

2015 David Camara. Todos los Derechos Reservados.

Prohibida la reproduccion parcial o total por cualquier medio sin autoridad certificada del autor.

Santeria

Santeria es sincretismo que unifica la dualidad divina del humano que alcanza esa condicion entre los animales gracias al **Loro**, -suena, *habla, se comunica: es con Aikodie que Olofi hace rogacion de cabeza*-- a que puede transmitir el mensaje de la energia kosmica a traves de la Leri de un Olocha y el Dilogun en **Ate**. El Loro vino cuando el bosque lo cobijaba, no antes.

El lenguaje kongo lukumi ofrenda conocimiento para Santeros y sirve de guia a los no **Aleyos** a conocer su relacion con el pluriverso y su ancestralidad se refiere a Sutumutukuni, La Regla que trae el culto a **Oricha Egun** a traves de tradiciones cuyo conocimiento es traducido en America a lenguas romance, condicionadas por la fundamentacion epistemologica del cristianismo catolico español o portugues que les aporta significado humanista en el Nuevo Mundo bajo el sometimiento a esclavitud de Aleyos de la que promete emanciparse Ocha. Los ingleses colonizaron el significado humanista con que se transcriben en la actualidad los iconos de la sabiduria yoruba de los que Ocha en su ascencion a la divinizacion debe emanciparse.

El sometimiento de La Divinidad de Ocha a Jerarquias de Orun determina el usufructo de la creacion por La Humanidad enaltecida a una dignidad que no le corresponde y sustituye con su culto a La Divinidad y la subordina asumiendo --la ignorancia es atrevida-- que es su porcion de lo creado.

La Santeria atribuye a una Trinidad compuesta por Olofi, Olorun y Olodumare toda la creacion que se manifiesta como aventeres de esa Trinidad primal. Triada; 3 patas del Caldero.

Orun y el conocimiento que baja de Orun no puede regir La Creacion aunque puede guiar a los creadores a preservar el mortar, La Naturaleza ancestral que ha sido sustituida no es suficientemente moyubada y ante tal situacion Olofi envia a Nsasi a hacer la realidad y a 7 Rayos Iyakuta a ejecutar en Onile la jerarquia de Olofi como Chango para reclamar el Reino de Odumare. Este es el tratado de La Prenda de Chango.

Kimbisa Igba Ache Idajun

AVENTERE

El Viaje de La Semilla

Olofi para Santeros

Obakinioba Obatesi

Glosar en Kongo y Lukumi significa catalogar la realidad kosmica.

Nsambia

Nsambia arriba, Nsambia abajo y Nsambia a los cuatro costados.

Los Mpungo vinieron a construir el pluriverso y hubo Nkisi y Nfuiri kuenda Nkisi lango menga kuenda Lucero Mundo Nganga Ntoto Lucenda vititi burubutu Nsulo Mposi Ntango mbonda Nsambiampungo.

El pensamiento guarda en kongo el significado primal de las cosas y en Lukumi sus codigos vibratorios, su frecuencia como onda solar filtrada por Arcoiris. Llegar a ser parte de todas las cosas le ha tomado tiempo a Nsambia. Que la realidad se divinize en este instante como Nsambia quiere es fruto del concurso de todas sus manifestaciones, su unidad. Quien predique un legado separado al de Nsambia Olofi como supremo Mpungo no es tronco y no puede como rama reclamar jerarquia al Sol.

Aventeres son los caminos que Nsambia Olofi elige para manifestarse. Todos los Orichas son aventeres Olofi segun el teocentrismo unificador de Las Tierras que impuso Nsambia -Orun y Odua poseen La Ciencia de Odu que codifica a Oricha en Aiye y la comparten con Obatala tiempo despues cuando nacen Ochumare y Ocha de Olorun y Odumare como Trinidad en que se fundamenta-- La Creacion debe ser concienciada por Cabeza a traves de La Ciencia que Obatala como rector le puso al construirla. La Corona es Ocha y unificando teocentricamente Oricha Egun, Olofi, esencia de Ocha en todo aventere. Esta cosmovision aporta una perspectiva de realidad un tanto diferente respecto a la cosmovision heliocentrica cuyos aventere nacen de Olorun Odumare logrando antropomorfizarse Olo Oricha diferenciado en Aiye por Odu Ita.

La escala de descenso de La Luz a Aiye tiene jerarquia en Oricha Egun como manifestacion de la divinidad que rige con Igba a los Olodus y Olorichas y Aleyos que forman parte de La Corte. La escala de ascenso la jerarquiza Odu a traves de Egun y Oricha hasta que se unifica en Igba.

Dice el Muerto: Eyi. **Ejiogbe** que es dualidad Ntango Mposi, Olorun Ochukua, ve en el reflejo de Luz de Luna La Trinidad que en Orun esta creando a las Deidades. **Olofi** sintetiza el fundamento de Ocha: **iku lobi ocha**. Olofi es Orun, Olofi es Odua, Olofi es Ijakuta que sigue recreandose ahorita en la energia de avatares de Ocha como Chango, Ochun e Inle que vienen a Aiye para rescatar a Obatala y tener Cabeza que coronar en Olodu, el Reino de Olorun y multiplicar su accion en Onile con cada adimu y cada ebo realizado para propiciar su divinidad. Es el pacto.

Esa Trinidad de Olofi la alcanza Cabeza con ebo. **Oloche** reclama 201 cabezas.

No equivoques el camino. Estudia Ita para que te ubiques en el Pluriverso.

Introduccion

Las religiones africanas en el Nuevo Mundo han preservado la sabiduria ancestral contenida en el legado de grupos culturales procedentes de diferentes etnias y etapas historicas y gracias al sincretismo han permitido trascender el condicionamiento religioso de su conocimiento y asimilarlo y aplicarlo a La Ciencia como herramienta para la validacion de la realidad. Tambien La Ciencia gracias al sincretismo que trasciende limitaciones culturales ha rescatado significados de la sabiduria de las Reglas y Ordenes religiosas de origen africano que se han desarrollado en el ambiente sincretico catolico aportando ademas nuevos significados americanos a la interpretacion de esa Ciencia que dia a dia se globaliza haciendo de La Santeria el estandarte de un nuevo paradigma para desarrollar divinidades.

El ascesis al conocimiento de un pluriverso quantico regido por energias que desde su mas primitiva manifestacion ostentan el nombre que le dieran Nsambia y Olodumare catalogadas por ancestralidad, sus nexos interdimensionales como manifestaciones secuenciadas del Creador, sus jerarquias vibratorias y el manual para el manejo y empleo de las mismas en el universo bioenergetico hacen de La Santeria el mayor tesoro que las encarnaciones en transito pueden encontrar para divinizarse en una era que avanza marcada por el anhelo de emancipacion de la esclavizacion ideologica ejercida a traves del humanismo doctrinal.

Las Reglas de Palo y Ocha han preservado los rituales -tecnologia bioenergetica-- para rendir culto a Las Divinidades y el sacrificio perpetuo ha dado como fruto la reunion de significados de la materia kosmica y la recreacion del ser divino que sirve al Alafin en Oyo.

La Santeria

-**Egbe** de Ordenes de paleros, espiritistas y Olochas catolicos por el bautismo en La Suprema Orden Kristica- tiene la Mision de servir a La Corona y esta viendo desvirtuado su fundamento por un modelo de sacerdocio a Echu -contrario a los principios de Asis-- que sirve al humanismo con **ebo** aunque averguenze a Olodumare y se pierda el Ache.

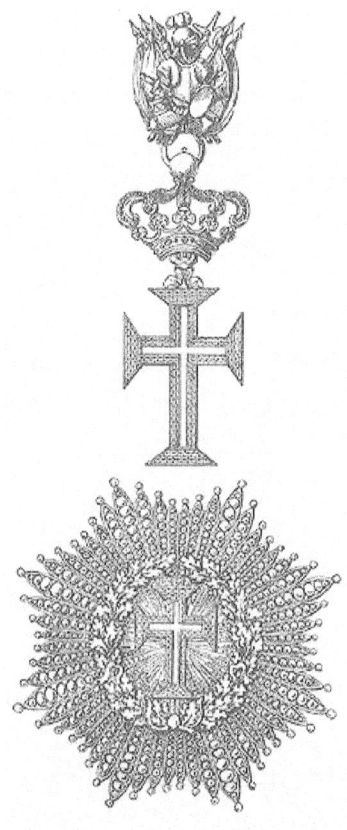

Para restituir los significados de la Regla de Ocha y el poder constructivo de Odumare difundimos este legado de Kimbisa Ntoto en formato de glosario grafico lo cual facilita la busqueda y las asociaciones de contenido y conocimiento para quienes abandonan *el mundo de los Aleyos*. **Somos**

Iku lobi Ocha.

Egun –igual que Cabeza- transmite la luz que entiende. Si no entiende... tiene la alternativa de apoyarse en la Nganga que le explica el camino kongo que tuvo la memoria. Si no tiene **Nganga** se queda bruto y en el mejor de los casos usado por los **Ndoki** para laborar esclavo de energia en su proceso de desprendimiento y liberacion.

La sincretizacion de La Regla de Ocha ha sido plantada en la comunidad Oloricha como la semilla de unidad que Olofi envio a Aiye con Kimbisa Nkisi en **Ogberoso** con **La Mision** para vencer el colonialismo cultural impuesto para humanizar el culto a Oricha Egun e impedir el desarrollo de divinidades Olorichas en el mundo de Los Aleyos.

Ocha es conocimiento de la tecnologia ritual para el culto a Orun y las deidades solares que habitan Olodu y vienen a Cabeza en Obatala a transitar como emisarios de Oricha Egun ; Palo es culto para servir a la incorporacion materializada de Egun potenciando Nkisi en la Nganga. Cuando ese Nkisi consagra Alaleyo en Leri y sus Egun se armonizan con Odu Oricha en Ita se consagran **Nfumbe**, Egun y el Oricha en Olodu.

Los cultos a Egun y los de Ocha no tienen diferencia de origen sino etapas de manifestacion diferenciadas que deben unificarse en el ascesis del Nkisi Olocha consagrado Oricha Egun al servicio de la Divinidad: Olodumare.

Nsasi propicia el camino hacia La Tierra y Chango hacia La Cabeza. Existe un flujo natural para el advenimiento de las cosas.

Las Edades han transcurrido materializando al Espiritu kosmico con Candela desde que Nsasi bajo del Cielo con las tecnologias de fusion de materia hasta que Sarabanda Ndoki con la ayuda de Fuelle fundio al hierro y mas tarde al bronce y hasta el quantum leap: todo lo fusiona La Candela. El mismo poder que quema ha estado rigiendo la evolucion material desde el principio de los tiempos.

Nfumbi -Iku- y Ntango estaban reinando en la ausencia de tiempo cuando **Nsasi,** el primer Mpungo que bajo a construir Ntoto, trajo el makuto de Nsambia y con un encantamiento y un espejo reflejo al magma que no sabia que era piedra ignea y al ver su fuego se inhibio, lo que Nsasi aprovecho para encerrarlo en obsidiana. Luego le siguieron en la adecuacion de Ntoto los Mpungo Tiembla Tierra, Centella Ndoki, 4 Vientos, Musilango, Siete Leguas, Baluande Madre de Agua Kalunga, que con el tiempo devino Siete Sayas y sin saber cuanto mas luego vino Chola que fue cuando pudieron encontrar asentamiento Sinando, Gurunfinda Nfindo Nkunia y despues de haber nacido Ngando Lire fue que

Nsambia mando a Watariamba Nkuyo, Watariamba, Zarabanda y cayo del Cielo el fundamento de **7 Rayos** para plantar Nkisi Ntoto y darle vida a Nfumbe de modo que Mpungo Futile revele, aqui y ahora, la receta con la formula kosmica para fusionar sus poderes y propiciar su Destino .

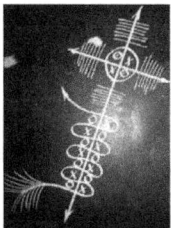

El primer muerto fundamentado Nganga se identifica *Nkisi Kimbisa Kinani* **Nfumbe** *-el primer muerto guardian de las memorias kongas--* **Nsasi** Malongo Ndoki; el ita de Ocha del caballo que monto a ese Nkisi Ntoto confirma que vino a Aiye Ogbebara, donde Ijakuta baja a la tierra como hijo primogenito y por mandato de Olofi y Olodumare reestablece las Reglas del Reino de Oricha Egun como en los tiempos del Antiguo Oyo.

En Kimbisa Ntoto para desarrollar integralmente una encarnacion como divinidad que venga a servir en Estera a la humanidad en transito por La Tierra, se requiere ascender en la ancestralidad hasta Oricha Egun otorgando a Egun todos los recursos y herramientas para materializarse NKISI y descender, honrar y alcanzar la interpretacion validada por la Luz Oricha que es activada en Olodu para la creacion de divinidades y que estas puedan propiciar Ache en Aiye.

La validacion del sincretismo esta determinada en el hecho de que solo con el Palo Monte o solo con la Ocha no se cuenta con suficientes recurso para potenciar la divinizacion de Oricha Egun y su accion plena en Orun y Aiye; sin sincretismo que rescate fundamentos y los plante en La Tierra se estaria rindiendo culto a solo una parte de la divinidad que la cultura dividida desvirtua y desconoce. Sin evolucion hacia la sincretizacion del conocimiento ancestral y su unificacion, La Ciencia seguira siendo religiosa, ideologica y plena de folklore carecera de validez para interpretar la realidad.

prologo

Los Mamut habitaron La Tierra antes que los Elefantes que guardan Su memoria.

Oni Oni. Antes de llegar Oricha Egun a consagrarse en Opa como Deidad de La Vida y de la Muerte ya **Ijakuta** ejercia el poder de **Iyamase,** Ibeyi Oro en Ile Oguere por mandato de Olofi y Olodumare y habia sido constituida La Corte del **Oni del Cielo** -la descendencia de Olorun de donde nacen en primer termino los 24 Obatala y los Orichas- y el **Oni de La Tierra Olufina Eke** --**Oro,** hijo de Olorun y Odumare, **Okun,** nace de Olofi con Odumare para gestar a **Ijakuta** y a **Osun** y **Asao, el espiritu del agua** y crear el fundamento **Aiye** con el matrimonio de Agana y Oko donde pudieran manifestarse los Oricha y **Chango** pudiera venir con **Ayanaku** a consagrar a Obatalay mas tarde a los demas Orichas --

mientras regian el planeta Osain, Nana Buruku, Nanu, Shakuana y **Inle** --el medico de la Ocha nace de Orun y Aiye-- forma familia con **Abata**, Ode, Ochosi y vino el poblamiento de La Tierra.

Luego de Odua vienen las encarnaciones a Cabeza, a limpiar Karma en el Paraiso.

Oni Oni es el termino para definir a un fundamento de poder dual en Orun y Aye que consagrado en Igba Iwa Ache representa la mayor jerarquia de la manifestacion de Odu como Ona solar o Divinidad Oricha en el constante proceso creativo de Onile que Olodumare inicio en **Aima.**

Hay muchos **aventeres** -caminos- de Chango de Irunmole a Oricha. Cuando Olofi en Odi Obara entrega el fundamento de Chango a Oricha Oko ya este convivia con Agana y Yemaya habia convivido con Inle.

Chango en Obara -sin percatarse de su primogenitura de Yemaya en Aiye- se sumerge en las profundidades atraido por sus encantos y puede perder la lengua si se queda con ella viviendo tal cual Inle, o la vida buscando la superficie para tronar que es su respiro.

Otun ni Oba ni ozi lowo Ache atanu Ache Odara Ache mu faro Chango Obayere ni ena gba dadagui laza Oba Awo Omi Omo Olofi Chango Oni Obaye Omo Olokun Olufina Eke nitibolaye nile kekuebaba Olokun Labesun Labaye Ache Olorun Akokoibere Orumale Obaye Orun Olofi Olorun Olodumare Ayalua Kakamasia Obakoso Kisieko Agayu Onofina Olokun Elufina Oni Oni Alaide Ina Ere Ina Obalorun Laguara Chango Oyaorun Latinu Aina Ina. **Aventeres.**

Ae Ewe odara ewe odara ewe odara ae fue el encantamiento usado por el Jibaro para propiciar el espiritu de la hierba que crea lo nuevo y quita la viejo.

Mas que puerta, Talanquera es La Pista que en la memoria queda para regresar al punto de partida y mas que un punto de control Talanquera es Aliada de quien sigue mandatos del Alto y asume Su autoridad para proseguir El Camino. En Talanquera queda intruso enganchado.

El perro con cuatro patas tiene solo un camino. Obaradi: Okun rodea el fuego liquido que vive en el centro de Aye, La Tierra; Olofi primero envio a Ijakuta con los dragones para que luego Chango bajase a construir Onile con el concurso del espiritu del agua. **Oni Oni.**

El cuerpo de un hijo de Olorun el Sol habita dentro de Okun en el centro de Aiye, La Tierra; su cabeza vive con Odumare.

Ijakuta nace de Olofi y Olokun y en el siguiente avatar como Chango consagra a Osun en Onile al reclamar su primogenitura a Ogbon, Ogboni y Ogan que poseian Ota, flecha y Dilogun para gobernar el Reino que Olodumare dejara en manos de los animales misticos Aroni, Kiama y Olofo y los Ajogunes a los que vencio con el fulgor de antimonio de sus ojos y goberno cuando realizo pacto con Obatala y Ogun y obligo a los Ajogun a aceptar el sacrificio de Eyebale con Pinado en Ogbeyonu.

Osun Laye fue consagrado por Odua en Opa. **Osun Leri** es consagrado por Chango Arufina en Odo. Chango viene al Lire en **Ogbebara.**

El culto a **Oricha Egun** legado por **las Reglas Sutumutukuni y Lukumi** antecede en la historia el culto como es desarrollado por tradiciones que establecen diferencias entre Palo, Ocha-Ifa que se impusieron desde la entronizacion de ile Ife con Orunmiyan, el descendiente 16 de Odua que se autoproclamo Alafin y defenestro, humanizandola, la divinidad de Ocha--.

La ancestralidad del culto Sutumutuni se hace evidente en el culto a **Opa** -consagrado por Odua- en un baculo de madera de un tronco -o una rama- de palo montador del tamaño de la persona que es consagrada a Oricha Egun. El palo o rama se busca con Ozain y se le da conocimiento y si mbonda bacheche se corta y se consagra Nganga para fortalecer su poder Ntoto y en Egun para que aporte conocimiento a **Olodu**. La Nganga es fundamento de Egun que refuerza la comunicacion entre Opa y Ocha.

Oricha Egun en Opa es el fundamento ancestral del culto a Iku lobi Ocha -El Muerto pare al Santo en que se fundamenta la fusion de culto a los muertos y Ocha. El fundamento que inmortaliza al Olocha ibae y perpetua su obligatoria asistencia al llamamiento de Ocha para quien invoque su Santo nombre en Aiye-- para ascender Cabezas a Olochas mediante pacto con Odua y Obatala. Ancestralmente solo Obatala consagraba Cabezas; posteriormente Chango consagro los colores de los demas Orichas con Ayanaku, en la epoca que vinieron los elefantes.

Entre los muchos secretos de Chango: --se caso con la madre de La Muerte, Odua, Osain, Aña y Odo, ...-- estan los colores de Ocha que compartio en tiempo de Ayanaku que era **Olodu**, *Omo Odua,* con Obatala cuando este era quien coronaba todas las cabezas.

La consagracion de las pinturas de Ocha le corresponden a Oni Chango Obaye el dueño de Odo firmado por **Ayanaku**, Baba Erin Oke Omo Odua. Es potestad exclusiva de **Chango** la consagracion de las pinturas porque fue Chango quien pacto con Ayanaku y es un derecho reservado al Obakinioba Chango en un Oni Chango la potestad para consagrar las pinturas y consagrar Osun en Igbodu. Convenciones que confieren jerarquia a sacerdotes que trascendieron la dimension Oricha sin Igba Iwa Ache Oricha no poseen fundamento *-aunque sean Oni Chango-* para la consagracion de Odua, Osain, Aña, Odo o las pinturas que identificaran a los hijos de Ocha como representantes de Olorun y Obatala en Ara.

Pataki: Cuando los Olochas vivian en la tierra Odarabi en el Antiguo Oyo se establecieron las primeras convenciones -por demanda de Orichas que exigian bajar a Cabezas- para incluir las firmas de otro Oricha que no fuera Obatala y le pidieron ayuda a **Arufina** Chango para que fungiera como mediador. Yemaya y Ochun le dieron un gallo a Elegua y este les dijo: *vamos todos a buscar a Obatala y Chango, para que arreglen esto.* Que no hace Elegua con un gallo. Chango Ekun Oda -aventere- acudio al llamado de Elegua como vocero de los Orichas que no eran coronados y pidio la bendicion de Odua y este envio a su Omo Ayanaku Baba Erin Oke para consagrar las pinturas de Obatala, Chango, Yemaya y Ochun poniendolas en 4 ikokos de barro cantaba **orun bawa agbani boche orun bawao** le dio eyele: **eye eyele nile agbani bawa Eye eyele nile eye agbani bofun Eye eyele nile eye agbani boche.** Entonces Baba Erin Oke empezo a revolverlas cada una con sus ini (colmillos) mientras Chango Ekun Oda cantaba: **orun bawa agbani boche Orun onilayeo Ifa onilayeo Odarabi ocha onilayeo Odua onilayeo.** Despues de esto, Obatala dio Eyeife a las pinturas para consagrar La Tierra y preparado el trono comenzaron a pintar Osun en el piso y cantaban al Blanco: **inle aye inle aye layeo Inle aye Baba Ocha lofun Efun lade inle layeo,** al Rojo: **inle aye inle aye layeo Osun laye Chango Ocha pupua Ochalorun inle layeo,** al Azul: **inle aye inle aye layeo Ocha akoko akoko iyana Ocha lofun inle layeo** y al Amarillo: **inle aye inle aye layeo Ocha akueri laye Iya lade inle layeo.**

Cuando terminaron, empezaron a cantar: **iya okuo ekauro Ocha Ekun yoko Ocha Ekun kale".**

Entonces cogieron ewe ikoko y taparon el secreto y cantaban presentando ewe O**zain orun lolo odarabi Ocha ewe ikoko orun lolo**

Cubriendo el secreto: **Odua ewe Ocha tete layeo Agba Eni Ocha ewe layeo.**

Entonces pusieron el Odo y le rezaron: **Odo Chango Agba Eni Ocha buyoko Omo Ocha Odo dele Baba ni boche odarabi Ocha bawao.**

Despues pintaron Osun Leri Ocha Lade cantando al Blanco: **Omo yoko lodun Osun Ocha efun bawao Osun Agba ori Agba oma epon lacheo efun dewao Osun naburu,** al Rojo: **Omo yoko lodun Osun Ocha pukua bawao Osun Agba ori Agba oma epon lacheo Epun dewao Osun naburu,** al Azul: **Omo yoko lodun Osun Ocha akoko bawao Osun Agba ori Agba oma epon lacheo efun dewao Osun naburu** y al Amarillo: **Omo yoko lodun Osun Ocha akueri bawao Osun Agba ori Agba oma epon lacheo efun dewao Osun naburu;** entonces levantaron al Omoba que habia sido consagrado en Odo y borraron el kale del piso, primero con **Oti** mientras le cantaban: **Oti Ocha ele ele lele iye Aye inle layeo.** Despues con **Omiero: Omi Ocha ele ele lele iye Aye inle layeo.**

Deme Baba Emi la virtud de honrarlo. Iyami Ataramawa Asayabi Olokun Ibeyi. La Bendicion de mi Santa Madre Micaela y Manolo, el Rey que esta en el Cielo, insista en iluminar el camino de Ogbe.

Iya Mole Ori Emi Ara es un Nkisi que vive en un caldero que tiene 3 patas. **Idajun** es un saco del que la mano consagrada saca las ofrendas de Olofi y Odumare a La Creacion.

Mas de una vez La Prenda salvo al Tata de Nsala Wariwari. Un dia Osain se cae cuando entra al ile un Osun y Ipori estuvo hablandole a Nfumo mientras yo estaba en **igbo Odu** sentado en la estera frente a Baba rodeado de su sequito, buey con buey eramos un solo sentimiento que vestia piel de Tigre. Me hablo de **talanquero** enviado de Olo, quien no le da alas a pajaro venenoso que custodia el Palacio donde moran los 4 Reyes y me presento a los animales y poderes misticos que asisten a Odumare en la proteccion del Reino. A su izquierda distante el Trono de Odua y sobre su Leri la distancia de Olofi inmanente; a la derecha Ochanla en su trono y Obamoro y Ogun en primer plano seguidos por Oya y Ochun con Yemaya que escuchaban razones que exponian a juicio de La Corte al Rey que reclamaba La Corona para ejercer La Regla en Aiye. -- **Odua la envia en Oyekun Meyi y Ogunda Meyi y Odi Meyi fueron comisionados a darle a su hija el poder para gobernar el ile, Ololodi le entrega el poder de Ibeyi Oro y la Bendicion de Olofi se alcanza cuando Chango recupere el poder que le diera Olodumare para vencer con su Ache los obstaculos que ha puesto Echu para evitar que su hija ocupe el Trono de Oricha Egun en Aiye-.** Baba dijo que solo con Igba Iwa Ache Olodumare su Oni podia bajar a Coronar a Ochanla y mando a su Oni hacer ebo a Egun con hojas de Salvia que le dio Agayu.

No pasaron 21 dias y ya Orula decretaba que si no aceptaban la promesa de recompensa y le entregaban su Igba al Oni mandaba El Diluvio.

A la sombra de la Ceiba del ile hace Odun Mewa el Obakinioba corono a Ibeji Ochanla y no ceso de darle foribale a Baba Emi honrando a La Reina de Las Coronas que Olokun en Iya Olorun envio para continuar La Obra. Ache Baba.

Talanquera invita a un viaje por un paraje resguardado entre el libre transito. Cada cual debe acceder a La Sabiduria que ve de acuerdo a sus consagraciones. Talanquera es una anciana Aye -anciana de La Noche- que permite que realicemos aquello que requiere el Orden Divino si hacemos el indicado **ebo**.

En este libro rindo tributo a **Talanquera** para que te ofrezca hospitalidad y regocige tu entendimiento.

Consciousness human transformation, divinization throughout knowledge into the Lukumi Science. Traslated to spanish from a kongo spirit.

Agradecimiento.

Consagrar una piedra es poner en movimiento a una montaña.

Otro homenaje a TaMiguel, TaJulian, ñaFrancisca, TaJose, Jose Gregorio Hernandez y La Ciencia ki ibae bayen tonu, Maria Nuñez Ewintola, Chicho Ochunde, Iyare mi kibae Candita Cruz Omitoke, Aida La Suave Omilaye, Lamberto Sama Oguntoye, Okikilo Zoila Cardenas kibae, Esperanza Villa y Torriente Omisayade, Ibae Oluo Roberto Bolufer Ogundaleni, Ikadi Jose Ramon Alvarez Marcos Odun kibae, Omiduro kibae, Chango Bi Luis Domeq, Pichilingo ibae

Menga Nganga. Somos o no somos.

La muerte fisica ya habia muerto dejando la puerta abierta por la que salia del Limbo la energia **Nsambi**. La evolucion del pensamiento como realizador de materializaciones ha llevado a la civilizacion humana a un grado tal de libertad que emanciparse de materia es la oferta de los paradigmas que en consonancia con La Ciencia rompen las viejas estructuras epistemologicas fundadas en el miedo a lo desconocido que queda atras en El Camino. Los paradigmas culturales contrapuestos a ideologias de instituciones muertas buscan el Sendero de La Realizacion.

Gracias a la asistencia de La Ciencia de Ocha se preserva el conocimiento ritual de una consagracion que propicia -mediante Juramento y pacto con Iku, dueña de la mitad de mundo, -- al humano para concluir con exito el transito y ascender como Oricha fuera de la rueda de las encarnaciones . De aqui nadie se va con lo que es de La Tierra, Iretekutan. El personaje de mayor Jerarquia, indiscutida potestad de Olofi en La Tierra, Iku tiene pacto con Nkisi que le permite entrar y salir de su Reino como perro por su casa.

Es convencion en la Santeria Lukumi el bautismo catolico que propicio la cristianizacion del egbe de Ocha en el Nuevo Mundo. El Bautismo cristianiza el fundamento Nkisi relacionando el otorgamiento de poder -ideologico- para elevar Egun a La Santidad cristiana y al servicio comprometido a la divinizacion durante la encarnacion de Odu.

Esa maravilla de **cultura sincretica** que ha llegado a tus manos en estos textos es la suma de La Sabiduria y el acceso a **La Ciencia**.

Opa, altar de la legacia de Odua.

Pataki de cuando El Rey planto Bandera: Encendieron la vela y llamaron a Awo Itana para iluminarse y que los vieran bien. El llamado a golpes de Opa contra La Tierra en el cementerio de los elefantes desperto a los muertos ancestrales que vinieron a ver quienes eran y que encomienda traian los que llamaban con las manos llenas de ofrendas a las 9 am.

Vinimos dando gracias. Venimos a darle foribale a bogbo Egun que acompaña a Micaela despertando a sus huesos en Ara. Salimos de aqui con la Bendicion de Ustedes y hoy los convocamos los que volvemos con esa bendicion multiplicada y la ofrenda de Eyele dundun, flores, ron, tabaco y miel que nos propicie honrarlos y adelantar su Mision y nuestras causas con su presencia en las ceremonias de Aña que ofrendaremos a Los Orichas en su Reino para dar testimonio de sus bendiciones en Ara. Ebo fi ke ebo ada.

Iba La Reina de Las Coronas Iyade con 2 Obamoro, un Ayaguna y Ochun como sequito dirigidos por Chango Obakinioba que ya habia vivido en ese Ara con Elegua en Ogberoso y Ocheiroso haciendo ebo para romper las bases establecidas por instituciones ofensoras de las leyes de Olodumare. Ocheiroso preparo el camino y cumplian la mision de Osakuleya de restituir el Reino ancestral de Oyo cuando Ochanla reclamaba Su supremacia sobre todas las cabezas. Preveian llegar a la ciudad e ir primero que todo al Camposanto para lo cual requirieron al Obaniye Obamoro de la ciudad un Opa, cascarilla, flores, ron, miel, tabacos y una eyele funfun para darle foribale a Bogbo Egun en ese Ara.

Hicieron el check in en el hotel al amanecer y ya a las 7 am esperaban a Ogun que los transportaria en la puerta del hotel cuando Ogberoso se convirtio en Ray a quien Chango recordo luego de 36 años sin aun haberse conectado con su nombre; Chango se interpuso en su camino y frente a frente le reclamo identificarlo, lo cual hizo y se congratularon y acordaron convocar al Egbe que haria posible posicionar a Ocha Lukumi como ciencia lo que la resguardaria de los prejuicios folclorizantes de la religion en El Nuevo Oyo. Elevado reclamo, potenciada peticion, enunciado en comunion el proposito del ebo en el Aña que tocaron para Elegua, Yemaya, Ayaguna, Chango, Obamoro y Ochun durante diez dias consecutivos de ebo.

El Opa de Moruro con cabeza de horqueta que el Obaniye Obamoro llevo al Camposanto para servir al Egbe en la ceremonia del Obakinioba lo corto su Padrino Tata Nkisi para El Evento; los recibieron las tiñosas y permanecieron sobre los nichos, -testigos y testimonio- hasta que los despidieron para llevarle el Mensaje a Olofi que estaba esperando la noticia.

Kimbisa restaura el tiempo donde se rendia culto a Oricha Egun en Opa. Osakuleya.

Tratado Kimbisa

El Palo es tu hermano mayor.

Nsambia habia sembrado la semilla en el Reino de Los Aleyos y ya estaba plantada en La Tierra la sombra del arbol en que Odua consagro Opa para preservar la comunicacion y el conocimiento del Odu regente en la cabeza de los Olorichas durante el transito de su Ona en Onile. Ya habia paleros arriba Ntoto kuenda kiyumba Nsulo nchila ko.

Oyo es presencia de Luz y sabiduria kosmica que se manifiesta y preserva en el legado Kimbisa como Memoria del Imperio para facilitar el transito y propiciar el regreso a casa de los Hijos del Sol.

Oyo fue el Imperio legado para cobijar la miriada de formas y la identidad de los hijos del Sol con Odumare y Kimbisa es el guarda que custodia la memoria de sus nombres en el caldero donde viven Nsasi, Baluande, Nkunia y Mpungo Lucenda fundamentado en Kinani Nfumbe. Ya habia gente aqui para fundamentar un muerto Nganga.

Kimbisa es linaje Nganga con fundamento Nkisi Nsasi Malongo Ndoki que con Licencia Ta'Miguel y 7 Rayos Mayaka licencia Ta'Jose Oricha Egun baja a Nfumo Nganga Ntoto representa y expresa la sabiduria Obi, La Divinidad condenada por Olofi a caer para hablar por los Mpungo, Egun y Orichas en Chamalongo como Nkisi rector o Principio clave para la comunicacion y la lectura del 4 concavo-convexo en evolucion creativa de lo oscuro a la Luz en una caida que habla de La Tierra y que en presencia del Testigo y Pikuti habla del Cielo .

Kimbisa Ntoto es principio. tronco Nganga -Ouroboro que regresa al tiempo porque completa el Ciclo y muerde su cola --, no rama. Ocha en Odu ita lo ha ratificado consagracion tras consagracion: el ile del Muluguanga Oni Oni Obakinioba Obatesi fusiona las Reglas y las Tierras bajo el reinado indiscutible de Chango en Ogbebara Kinani Nfumbe Kimbisa Ntoto y Mayaka Tace Tare Lotae. El legado donde establece su trono Iyade, Olo Olo primogenita de Oricha Egun propicia el reinado inmortal de Ocha en Onile. Iku lobi Ocha.

Kimbisa Ntoto es nso de **Kinani Nfumbe** --el primer muerto-- elegido por Nsambia para ejercer Ntoto el poder de Mpaka Vence Batalla y virar palo para rumba con **Ogue**, el Brujo que ayudo a **Chango Alafin de Oyo** a controlar a **Kuche**, *el espiritu del fuego invisible*, con eyebale de **eyabo**, para restablecer el culto a Olodumare despues de dos siglos de sometimiento cultural al hegemonismo yoruba que impuso el culto a Orun para separar Las Tierras.

Ogbebara fue consagrado Obakinioba por Chango y Yemaya quienes organizaron La Corte de los Alaguas Omitoke Candida (Candita) Cruz, a Echuchubi, a Perico Alfaro Chango Lari y a Baba Abreu Obaikuro de la Kimbisa del Santo Cristo, al Alaguabana Ejiogbe Oni Chango Nkisi Malongo Vititi Kongo Fidel Ramirez para recuperar el culto a Olodumare secuestrado por el patriarcalismo ideologico restaurando La Corona de Ocha y la herencia que Olodumare pusiera al cuidado de las manos del Obakinioba para bendicion de quienes rinden culto a Oricha Egun.

Kimbisa came from the time fighting the cruel humanism that slavery you.

El humanismo es Aleyo. Reclamar identidad Lukumi es predicar una conciencia solar que expresa la Ciencia Oricha, una ciencia que no puede ser evaluada segun los parametros del humanismo debido a que su manifestacion Oricha es frecuencia solar codificada en Odu y trasciende a lo divino como manifestacion heliocentrica y energetica en su particular longitud de onda terrestre. Si la conciencia humana transcurre en 3D la del Oricha transcurre en 9D y solo consagrando Oricha Egun se puede divinizar Leri y reconectar con Olofi, Olorun y Olodumare el proceso de su Creacion.

En Oyo el fundamento imperial es Oricha Egun desde que Odua establece el transito de las divinidades Orichas asociados a frecuencias bioenergeticas en 9 dimensiones apoyado en **Bromu, Brosia y Ogan**. Iku lobi Ocha.

Pensado en kongo.

La Regla Sutumutukuni y La Regla de Ocha sincretizadas en Kimbisa representan el linaje ancestral Lukumi que ha restituido el culto a Oricha Egun y validado su Ciencia al servicio a Olodumare.

Batu Ewe habla el idioma del Sol y la energia de las hierbas, los bejucos, la virtud del matojo o la maleza que si no trepa no hace sombra al Humano y el que le da sombra tambien sabe quien es y reconoce la identidad de cada una de ellas por su tonalidad y cuando requiere confirmarla le pregunta al Chamalongo lo mismo al nfuiri, al mpungo que el Nfumbe: de cada cual conoce El Nombre y se comunica con ese poder aliado a su Nkisi a traves de Chamalongo.

Chamalongo es fundamento Kimbisa. La consagracion de Chamalongo abre la ceremonia de la Lucenda que usara al Ngombe Nkisi Nganga Ntoto.

La comunicacion con la firma mientras recibe Lucero y Prenda y a lo largo de toda su vida como Kimbisa es a traves de Chamalongo.

EL TESTAMENTO DE NSASI, Manual de Palo Monte y Mayombe contiene el Tratado Kimbisa de Chamalongo y quien lo estudia llega a la conclusion de que Chamalongo es el fundamento sincretico que gracias a su Lenguaje permite accesar todos los sistemas oraculares que proceden del Culto a Obi de Biague y Adiatoto que sirve de Fundamento Oracular a las tradiciones y linajes de Palo Monte, Malongo y Mayombe, Ocha e Ifa segun la Regla Sutumutukuni que nace en Oyo y se preserva en su mas ancestral manifestacion en El Nuevo Mundo a traves de Kimbisa.

El fundamento Batu de los Kimbisa Ntoto permite accesar el conocimiento Kosmico a traves de Nkisis Nsambie Ndoki que activan la dualidad espiritu-materia potenciando la apertura de la conciencia al conocimiento bioenergetico legado por Ocha. El ascesis al conocimiento de La Realidad se realiza por la interpretacion de ella que le transmite Egun a **Lucenda Nkisi**. Segun sea el grado de evolucion de Egun sera el entendimiento y el grado de integracion que adquiere Kiyumba Nkisi para modificar esa realidad desde su dimension Mpungo, Nfuiri, Nfumbe, Lucenda y Oricha. El fin que persigue el fundamento **Batu** es propiciar el Ngombe donde reside la encarnacion para que esta alcance la dimension de Oricha Egun.

El componente sincretizador cultural Batu Ewe alcanza su maximo exposicion en las tradiciones del Palo Monte dentro del contexto de los linajes Malongo Mayombe heredados de Kimbisa por el fundamento kongo de su cultura. Kimbisa Ntoto organicamente se ha sincretizado con todas las culturas gracias a su raiz batu. Prevalecio hasta hoy por el mundele que traduce al kongo a su lengua consagrada. **Iku lobi Ocha**

El conocimiento Heliocentrico tiene su maximo exponente en la tradicion Lukumi que La Santeria hereda de Oyo y en La Sabiduria de Orun y Odu que ha bajado a la consciencia humana por Egun a Biague, Adiatoto, Dilogun, Ifa, Avataras y Profetas . En ese Orden.

El conocimiento Geocentrico mas depurado alcanza su maximo esplendor en las tradiciones Sutumutukuni cuya expresion aborigen recorre el tiempo tornandose Teocentrismo gracias al Sol, Olorun y los Obatala. Todas esas tradiciones sincretizadas por Teos han consolidado en La Santeria la Conciencia Global de La Humanidad en su diversidad pluricultural. *Ogbedi.*

Kimbisa atesora de La Regla Sutumutuni los fundamentos ancestrales de La Trinidad en que se sientan la Nganga y la Mpaka de Ogue para jurar **Menga** --a quien Olodumare dio la potestad de radiar frecuencias de Luz universal capaz de revelar la suma de TODO EL CONOCIMIENTO.-- con Egun en Opa para propiciar Oricha Egun y ese legado de Kimbisa sincretiza y es sintesis del pensamiento kosmico dominante en el conocimiento Kongo Lukumi y provee a la encarnacion el fundamento --confirmado por Tata-- para completar el transito a la vez que sincretiza el Conocimiento de La Cultura Ewe que es la que provee a Los Humanos en cuanto materia kosmica La Sabiduria para habitar La Tierra y propiciar su evolucion hacia La Luz de Ocha y la Corona de Su divinidad. Kimbisa sincretiza y es sintesis del pensamiento Kosmico.

El conocimiento del lenguaje batu como recurso de acceso al pensamiento kosmico para interpretar la lengua konga y lukumi es clave para ascender a Orunmila.

Orunmila es el Testigo de La Creacion de Olodumare y Olofi y es accesible en **Olodu**, la esfera inmediata superior a Oricha, sobre Obatala que rige las cabezas, una esfera a la que solo accede Oricha Egun. Orunmila es el Testigo, Ofe de La Creacion de Olodumare. El testigo del matrix que se manifiesta Odu Oricha Egun.

Ocha es vibracion de Luz que procede de Olorun y que gracias a Ozain y Asao, el espiritu del Agua--el Deuterio, unico isotopo no radioactivo del Hidrogeno, **fusiona** 2 atomos de Oxigeno y 1 de Hidrogeno que componen **el Agua**-- es transformada en vibraciones que dan origen a los Orichas y su residencia en Onile. Obatala vibra en frecuencia de color blanco como fusion de todas las frecuencias opticas entre los infrarrojos de Chango y los ultravioleta de Oya.

Para la tradicion Batu El espiritu que rige **Nganga Nkisi** -la energia nsambi-ndoki que une a Odu- se apoya en **Mposi**, La Luna y La Sabiduria de La Luz reflejada a **Nfumo** en La Tierra, --el Nganga Nkisi consagrado Oloricha potencia **Nsambi-Ndoki** y fortalece Ngombe Ntoto **para que Lucenda se configure** segun su posicion en **Olorun** a traves de Obatala y Odu.

El incremento del poder Nkisi eleva e incrementa la capacidad de percepcion y validacion de significados y por consiguiente la sintesis interpretativa de cada una de las millones --*(256x256x256 sumando solo las probabilidades de los primeros tres Odu hasta el ire o el osorbo y dejando fuera la suma hasta Timbelaye)*-- de vibraciones, onas de Olorun, el Sol que rige sobre toda forma de materia en Ocha .

Ipori
es Ibeyi y habla en Chamalongo y en Obinu, en Nkobo, Batuamento y Dilogun e Ifa. I*pori comunica Ojiji y la vibracion Oricha regente de Odu con Oricha Egun que esta en Estera y transmite y decreta en comunion con* **Igbo.**. Leri es Ibeyi y consta de 2 hemisferios uno es Ori que tiene programadas las frecuencias de mando del cuerpo fisico, Nkisi, y el otro Ipori que rige la energia kosmica y comunica Odu con Oricha Egun para guiar a Cabeza -recuerdese que fue hecha por Obatala- a rendir cuenta de su transito.

El interprete de Odu esta obligado a recibir–inevitablemente cuando se trata de consagrar propiciando la Bendicion de Olodumare– consagracion en Igba Iwa Ache para conectarse con Ipori y poder alcanzar el grado de divinizacion que demanda interpretar Odu Oricha en Estera. El interprete de Odu debe rendirle culto a Ipori. Cuantos Obas que estan propiciando Ocha propician a Ipori y a Pikuti?

Sin Igba Iwa Ache Oricha no se alcanza la consagracion para propiciar la interpretacion de las manifestaciones de Odu en Orun y en Aye. Las manifestaciones de Odu en Orun son interpretadas a traves de Ifa, que interpreta el conocimiento del ascenso y descenso de Odu; Odu se expande en Aye y se manifiesta Oricha y habla en Ate cuando el Oloricha puede interpretarlo en Ita con el Dilogun que tambien habla Ifa. La amplitud y expansion de interpretacion de Odu esta directamente relacionada a las consagraciones del Oba por lo que el Oba debe tener todos los Odus que puedan venir a la Estera en su Leri y por tanto debe haber sido consagrado en Igba Ache para alinear Ori y Ipori. Obakiniobia, Obatero, Oriate y Oba estan determinados por Ogunda Ika a recibir Olofi; segun Sus Jerarquias de Odu ocuparan posicion en La Corte. **Ogbedi** dice que cada cabeza tiene su asiento en Olofi.

Sin Igba Iwa Ache Oricha la interpretacion de Odu no representa al Oricha y por tanto su compromiso no es directo sino a traves de Orun y el que habla en La Estera es El Muerto que carece de Ache y no puede decretarlo porque falta la ceremonia del Afudache.

Igba Iwa Ache Oricha consagra a Oricha Egun y la conexion entre Aye y Orun

como la antena de un satelite que orbita entre Ocha e Ifa conectando a la encarnacion con la consciencia kosmica de Odu y Las Divinidades Oricha que le guiaran en Ita para completar el transito satisfactoriamente y con Ache. Corona de Olodumare otorgada a Chango Obakinioba para consagrar Oricha Egun a Ipori -- ocupando el subconciente con Odu en el proceso de armonizacion de Leri-- y a Ori dandoles Corona de Odu, Olofi.

Sutumutukuni es en cualquiera de sus versiones componente del culto a Egun que potencia la consciencia de La Luz de Ocha. Iku lobi Ocha. El Olocha que es Palero y dio menga Nganga tiene mas acceso a la informacion de los Npungo Ntoto y puede transferir una informacion que el no Palero no alcanza interpretar. Nadie puede dar lo que no tiene.

Nkisi Ndoki asciende a la Luz y puede trasferir informacion de acuerdo a la ancestralidad que de esa Luz alcanza y cuyo origen es Oyo. Una vez en Oyo ese Nkisi armoniza con Egun en la dimension Oricha de Opa y habla en Estera por Egun no por el Oricha. Para divinizarse ese Nkisi tiene que alcanzar La Corona de su Odu y recibir Igba para consagrar y confirmar el Afudache en su Decreto de Odu en su transito por Onile. Sin la consagracion en Igba Ache Olodumare no se alcanza la Divinizacion Oricha que la responsabilidad del Decretar exige para que un Dignatario de Ocha en La Estera plante el **ire**.

Despues de frita la manteca veremos el chicharron que queda.

El que cria perro ajeno pierde pan y pierde perro.

Los Ochas no van a cabeza porque no pertenecen a la Corte de Obatala. Olokun no va a la cabeza porque es un Ocha como tampoco van a la cabeza Agana o Oko o Agayu o Orula. Llevar a cabeza esos Poderes es transgredir la dimension Oricha y someter a Cabeza a fuerzas ante las que no se cuenta con la potestad de Obatala y por lo tanto carece de Corona Oricha. Obatala expulso a Orula quien sobrevivio enterrado hasta el cuello y a Okun quien vive atado a Oro confinandolos a vivir fuera de La Corte de Orichas y La Corona.

Odu establece jerarquias que reflejan aspectos de la unidad segun estados de consciencia propiciados por las consagraciones a que se ha sometido el interprete.

Segun **Regla Sutumutukuni y Lukumi** el servicio a Olodumare comienza al despertarse la espiritualidad que demanda a la materia ser potenciada para salir de la realidad de Los Aleyos, recibir rogativas, lavados, protecciones y resguardos. Regularmente el inicio al servicio empieza con Egun y como Iku lobi

Ocha la iniciacion es con agua y vela, oracion y sacrificios a Egun y La Prenda hasta que menga corre como lango y Nfumbe kuenda Ngombe potenciado por Nfumbe Nganga, los Eleke, Elegua y los Ayagun hasta Okun, lo que permite recibir dos Odu para guiarse en Aiye -en algunas casas **el Dilogun de Elegua** se entrega en Ita de Ocha y no se lava caracol en la entrega de Elegua razon por la que el iniciado carece de **Odu de Lavatorio** y de guia personal para caminar en Aiye hasta Kariocha-- y luego de ser necesario se recibe Ifakan para consagrar a Echu segun el Odu dado por Orula. Alcanzado El Medio Asiento ya se salio del mundo de los Aleyo y muchos iniciados completan la bendicion de su Camino porque no tienen el reclamo de consagrar su Oricha. *Si no va a servirlo mejor no coronarlo.* Kariocha somete al Oloricha a Obatala; su Alaleyo alcanza Corona de Ocha cuando recibe Odu Ocha que lo confirma en caso de que no sea reclamado tambien por Odu para consagrar Oricha Egun en Igba -Igba Odu en el caso del sacerdocio y Igba Ache en el caso de los Oba de La Corte-- que para servir Cabeza deben tambien someterse a la jerarquia de Olofi y Olodumare.

El Muerto y el Alaleyo tienen que tener la consagracion del Afudache que otorga a Lengua la bendicion de Olofi para decretar Ache en Estera.

Sutumutukuni en el munanso Kimbisa Ntoto guarda el secreto para vencer batalla.

Genesis

La voluntad de Odumare destinada a crear continua todavia. **Ogbedi:** el Karma encarna en la nueva vida.

Hubo un tiempo en el que los muertos se aglomeraban en el tedio de lo oscuro inacabado. No habia Luz para evolucionar y cada cual cargaba la culpa de siempre sin poder superarla ni redimirla para trascender. Orun era tanto el Reino de Los Muertos como de los Vivos.

Cuando Odumare piensa crear –Olofi es Latente- el pluriverso, todo lo concibio compuesto de mitades. Eso fue en Aima donde reinaba Echu. **Odumare** fue La Luz que se asoma en la oscuridad absoluta despertando a Los Astros con radiacion. Olorun -que en aquel entonces no tenia sexo- pario un hijo igneo llamado Oro a quien Odumare soplo con aguardiente sofocando al fuego con una nebulosa de su aliento que condenso el agua que lo circunda y que se llama **Olokun** y regula la accion magnetica de

Oro respecto a **Mposi Ochukua**, La Luna, para crear la casa de los Orichas hijos de **Olorun** la cual dividio en dos mitades: en *la mitad de arriba* puso Odumare a Olo, La Cabeza receptora de las frecuencias astrales – regidas por Olorun- y sacando de la bolsa ibekiji puso en *la otra mitad* a Okun, Asao, Oko , Inle ,Abata, Ode y Akaro para que poblaran Ile Oguere donde Achikuelu establecio la presencia de Echu para que ejerciera oposicion a la obra y esta obtuviera la fuerza para realizarse bioenergeticamente como concepcion del bien y mal polarizados para crear biomagnetismo y formaciones de energia 0110 +- -quantum leaps- que den vida sin distincion ideologica patriarcalista o matriarcal que imponga diferencias a Lo Formado. Sobre todo eso coloco a la Pineal y de Orun vino Odua a moldear **la cabeza** para el reptiloide que habita entre los hemisferios cerebrales y pudiera ser concluida y programada con Calcio por Obatala.

Echumare el Ocha del arcoiris nacio de Yembo y Odua. La luz que refleja el agua se mueve horizontalmente. La Luz del Sol incidiendo en un prisma a 42 grados revela la presencia de Olodumare y la frecuencia de colores en que se manifiesta es infinita cuando penetra gotas o cristales de agua y cambia su direccion chocando con el lado opuesto del agua como una nueva refracción con diferente longitud de onda. Debido a que las paredes de la gota son curvadas, la luz sale reflejada hacia atrás formando un ángulo de 138º respecto a la luz incidente, lo que hace que aunque habitemos en el reino del arco iris únicamente podamos verlo de espaldas al Sol.

Ochanla, *la Deidad a la que Echu no influencia* nace de la union de Odumare

con Olorun al igual que Yeyemowo, Yembo y Yemu, es un Ocha, no un Oricha; no se corona Okun, Osain,Oko o ningun Ocha . De la union de **Olofi** y Odumare nacen **Los Orichas** Chango y Ochun, la mas chiquita. Ochanla conecta directamente con Odua y Orun y conecta a Ocha directamente con Obatala y todos los Orichas unificando a Oricha Egun y a Orunmila a traves de

Ochun Ololodi y Chango, # Elitimo, *dueño de la Sabiduria y el Ojo Brillante* quien se

manifiesta a traves de sus mensajeros Araun, el trueno, Mana Mana, el rayo y Biri Aimeyo, la oscuridad que anima a la obsidiana que contiene a Oro y a La Noche**. Ijakuta** consagro a Osun y monto la cazuela de Osain antes de asumir la manifestacion de Chango Alafi Kisieko Kabioyesi ile Olueko Osi Osain quien viro el pilon y consagro Odo . Chango es **Adajunche**: ahijado de Osain.

Ogbebara

Ogbebara, **Alara** cuando desciende **Oni** -Chango **Ijakuta** es primogenito de Olofi - con el mandato de crear Ile Oguere tiene que refugiarse en La Palma por la furia de Okun y cobijado por Osain y sus hijos en Ngando Lire es consagrado Adajunche mientras Obatala hace el pacto con Olokun y se manifiestan las Yemaya para que Ochun bajara entonces de las montañas y Chango pudiera consagrar a Oko con Odu Ara y el Agboran que fundamenta a Osain en Orun y a Chango en Aye.

Cuando se consagra **Igba Iwa Ache** se alcanza la armonizacion de ambos hemisferios cerebrales lo que propicia fundamento para accesar informacion veraz de Odu.

Igba Iwa Ache reune los significados de Odu en ambos hemisferios: segun es percibido por **el lobulo cerebral izquierdo Ori** como instrumento de Energía Masculina reflejando el pensamiento humanista patriarcal: condicionamiento racional, analítico de la mente objetiva habilitada para procesar información lógica. Autoconciencia e individuación que bifurca la unidad polarizandola entre Orun y Aye. Ori controla a las Deidades de Ara por lo cual es una deidad al servicio de Nkisi; Ipori sirve a Nsambia.

Afokoyeri *como divinidad de las bifurcaciones es el espiritu de Orun que desciende a Aye La Tierra y se consagra en la desembocadura del rio en el mar. Para unificar Orun y Aye hay que consagrar Igba Iwa propiciando Odu Olofi. Las dos Igbas de La Creacion, Cielo y Tierra, donde una tiende a la separación y la comunicación dirigida hacia un propósito con intencionalidad, autoridad, firmeza y disciplina de normas, ordenes y sistemas que establece metas y exige constancia para lograrlas como Creador del mundo propio, el que debe realizar la encarnacion.*

El lobulo cerebral derecho Ipori es controlado por energia femenina y fuerza expansiva que propicia unión de partes aisladas donde se percibe la informacion de las cosas como un todo de forma analógica concreta y atemporal que rige al conocimiento intuitivo, la sensibilidad, la alegría, el placer y apreciación de la belleza y la imaginacion receptiva y la intuición. La tecnologia ritual de La Regla permite que Igba rija el subconciente con toda la informacion de Odumare latente en Olodu aportando significados a Ipori; *Akasic Archive dowloaded.*

Las mareas de llamaradas del Fuego solar y Lunar de Odu en **Igba iwa Ache Oricha** consagran el fluir de la energía masculina y femenina y el dulce equilibrio entre Sabiduria y Ache que conducen al balance de Mente y Espíritu, -*Oricha Egun*- creando con **Afudache** de Oricha decretos que se materializan bendecidos por Olodumare en **Ile Oguere.** Maferefun Ocha.

Las jerarquias. Hasta La Muerte tiene madre.

Aima es la dimension del pluriverso comandada por **Echu** y sus acolitos Ndoki donde Olodumare construye **Ile Oguere**. *Osalofobeyo*.

Igba Keta fundamento heliocentrico del teocentrismo implicito en el culto a Odu que trasciende su dualidad = Olorun el **Sol principio rector** y Odumare **la dualidad creativa del origen** y Olofi **conciencia de Trinidad con** Orun es la jicara donde residen Ochukua, La Luna, **Irawo**, La Estrella, **Onirawo**, el Cometa, **Ochumare**, el Arcoiris, **Aiye**, La Tierra y los planetas que conforman a **Iwi**, el cuerpo astral, Olori el alma, Boyuto, el espiritu guardian de Inle, Ipori el espiritu que relaciona lo fisico y lo espiritual. Heliocentrismo.

Igba Imale = Orun y Ochas: Osain, Okun, Oyantaro, Omiloche, **Alaye** el espiritu de La Vida, **Alanu** el espiritu de La Gracia, **Olare** el espiritu dador de La Compasion, **Elemi** el espiritu del Aliento, **Ogaogo** el espiritu del Honor y La Gloria, **Alakedayo** el espiritu de La Justicia, **Bogbo Egun Made, Ipi Unyen,** el espiritu renovador del cuerpo que entre los humanos habita en el estomago, **Asao,** el espiritu del Agua, **Nana Buruku** el espiritu de las aguas dulces, **Iroko, Yewa** Ocha del Reino de Iku, --**Okoro,** el Echu de Ode el brujo del bosque padre de Ochosi, hermano de **Otin,** hijos de Yemaya que vinieron del mar a poblar el Monte. Okoro se queda completando la obra ya cazada por Ode. Lleva la carga de Echu con herramientas de Ogun. 7 cementerios. La **nsala** se le quita a Ode y se le pone a **Okoro.** Para el criminal encarcelado 2 pajaros, fula, makuto. firma Watariamba.-- **Ijakuta, Inle Afokoyeri, Agayu,** Oricha del Volcan y El Firmamento, Oroiña y Araiña, el rugido y La Lava del Volcan, Los Ibeyis, **Olarosa** el Ocha del Hogar, Ayao, Obba, Oya, Oye, Yemaya, Elusu el Ocha de La Arena, Olosa el Ocha de Las Lagunas, Okara el Ocha de los cuerpos de agua subterranea, Yembo, **Ikoko** el Ocha de las plantas acuaticas, **Achikuelu, Dada** el Ocha de La Creacion, Bañañi, Esi, el Ocha de la Proteccion, **Odua, Bromu, Brosia, Obatala**, Chango, Elegua, Ogun, Ochosi, Ochaoko, la deidad de La Siembra, **Korikoto** la deidad de La Fertilidad, **Iroko**, Erinle, Abata, deidad femenina de los pantanos, **Osain, Aroni y Ayaja** las deidades masculina y femenina del bosque, **Obaluaye,** Ocha de las enfermedades, **Aboku,** Ocha de los accidentes, **Oke**, Oricha de Las Montañas, Ochun y Orula. Si agua no cae maiz no crece.

Kimbisa Vence Batalla.

El paso del Santisimo.

La Creacion de Ile Oguere por Olodumare tiene referentes historicos, escala jerarquica y presencia de Odu Oricha lo que indica que esa creacion esta ocurriendo todavia en territorio de Iku donde Echu no cesa de ser obstaculo a La Obra.

El culto Ewe sembro en La Tierra a los hijos del Sol. **Ae ewe odara ewe odara ewe odara ae**. Los Odus codifican etapas de La Creacion de Onas o frecuencias solares Olorichas; hijos del Sol que sirven a Egun durante su transito en Aye para volver a Odumare.

Siguiendo la pista del proceso codificador de Odu Ocha en Ara, Odu en Dilogun presenta diferencias Oraculares respecto a Odu Ifa que estan determinadas por perspectivas del pensamiento humanista impuesto al significado. Esas perspectivas diferentes proveen informacion de diferentes tiempos historicos con pensamientos condicionados por sus valores epistemologicos geocentristas, heliocentristas o teocentristas y es necesario tomar en cuenta a cual etapa de La Creacion estan haciendo referencia los Oricha en tiempos de emancipacion humanista para asumir la divinizacion.

Ejemplo de legacia Lukumi que tiene su ancestralidad en Oyo: ciertas tradiciones no batues como la yoruba no unifican interpretativamente La Creacion en los sistemas oraculares de Ocha e Ifa por el Orden jerarquico atribuido a Odu en su descendimiento y en su transito por Ara. La validacion de informacion procedente de la realidad esta determinada por Oricha Egun; iku lobi Ocha, precepto Lukumi, no tiene validez y fundamento de tradicion si esta no se fundamenta en el culto a Oricha Egun y Igba Iwa Ache.

Varias veces ha ocurrido que Obatala --se guarda en La Memoria 45 **aventeres** regentes de la dimension Obatala desde Ocha Aiye y Oricha Aiye, Ochanla, Igba Igbo, Ochalufon, Ochagriñan, Acho, Obamoro, Efunyobi, Yekuyeku, Ayaguna, Alaguema, Talabi, Ondo como padres de los Orichas -- fuera comisionado por Olofi a ponerle cabeza y pies a Odu para que tuviera camino bajo el Sol --hasta que decidiera Ayalua-- atando a Olokun al fondo del mar. Llegar a donde empezo el mundo en Okana dice que Obatala se reprodujo entre lo bueno y lo malo hasta Ayalua el Exterminador. Okanchonchon. Ofitele Ofatele que nace de Ofun.

Secuencia de Odu en Ocha y sus correspondencias en Ifa.

Opira es **0** y lo rige Oricha Egun Oloye. El punto de partida de La dualidad en Creacion. Opira es Ocha y territorio de Ocha con jerarquia sobre todo en Aye; solo habla en Dilogun. No tiene Ache porque el Ache desciende a Orichas y refiere como ebo posible la atencion a los poderes inmensos de Aye en Okun, Nana Buruku y Oko para propiciar el ascesis de las almas de Orun a la creacion de Odumare.

Esta muerto y no lo sabe. Opira en caso de salir hablando para alguien en primera tirada de Dilogun indica que hay que trascender la dimension Oricha y acudir a Ocha para resolver porque la situacion trasciende la potestad de Obatala y no depende de Leri, la cabeza, sino de Orun que obra por Egun y Olokun, Aye, Inle. Hablando en segunda tirada o en conversacion de Dilogun siempre indica situaciones energeticas de Aye que obstaculizan su armonizacion Nkisi.

Opira contiene los 16 Odu sin diferenciacion entre Meyis u Omoluos y su accion esta fundamentada por la presencia de Olofin en Olokun y **Ijakuta** como Chango en Ara. Es Ara el centro de un Pluriverso que se universaliza en Odu y en cada Oloricha en Onile.

Ogbedi otorga fundamento a la teoria geocentrista Ptolomeica que configuraba el planeta, Aye, como la factoria bioenergetica del Pluriverso Solar que se manifiesta Ona Odu Oricha fluyendo en transito hacia El Palacio con las galas usadas para despertar al Rey.

Secuencia de Odu en Ocha y sus correspondencias en Ifa.

Okana 1 donde comienza La Creacion **nace de Ofun 10 quien nace de Obara 6** y en Ifa ocupa la octava ona como *Baba Okana Meyi*.

Aqui Aragba pacta con Echu para sustituir a Iroko en Aiye. *Iroko ejercia jerarquia sobre Los Palos y Egun en ruta hacia Ocha y Aragba hizo ebo para superar su Corona y destronarlo. Iroko era el Centro de Reunion de Los Ancianos de la Noche hasta Okana cuando Echu desmerito su poder al derribarlo y desvirtuo el fundamento del poder en Aiye, -la Nganga que desde La Tierra diviniza- y marco separacion en la interpretacion de las funciones entre Palo, Egun y Ocha. Esa sustitucion de funciones de Aragba deja sin fundamento de Egun Aye a Ocha y marca el tiempo en que el Palo deja de ser el Poder de Egun para bajar a La Tierra en Opa.* **Nace Opa. Nace el ebo y nace Ofo.** Los monos quedaron medio hombres.

Viene **Chango** a La Tierra. **Eyo, Araye y Ofo** reinan sobre **Aiku** que es fruto del ebo. *Okanchoncho. Ofitele Ofatele.* Predominan Echu y Agayu. Hablan Elegua, Chango, Ogun.

Chukutu mayawala adifafun Akuko. Aniki es madre de Elegua. Por primera vez Elegua come akuko. La Hormiga hizo ebo. La maldicion que se convierte en beneficio: *Echu concede lo contrario a lo que se le pide*; Alakasu se queja de que aun no le han hecho su casa en La Tierra.

La Ota de Echumare se encuentra en el estomago de la serpiente. UNA SERPIENTE ENGRENDRA UNA SERPIENTE TAL Y COMO UNA BRUJA ENGENDRA UNA BRUJA. DEL UTERO DE SU MADRE LA SERPIENTE HEREDA EL SACO DE VENENO TAL Y COMO LA BRUJA CHUPA BRUJERIA DE LAS ENTRAÑAS DE LA MADRE.

Baba Okana Meyi ocupa la octava posicion en la escala de Odu Ifa debido a la sustitucion de Baba Ejiogbe a quien en Eyeunle le corresponde el 8 por Ocha.

Secuencia de Odu en Ocha y sus correspondencias en Ifa.

Eyioko 2 nace de Olodumare por Merindilogun y en Ifa ocupa tambien la segunda ona como **Baba Oyekun Meyi**

Ariku madawa omini machayo, adifafun Oluo Agogo. **Odua Alawana** y la dualidad. *Ijakuta baja de Ngando Lire y se cubre con la sabana blanca en Ogbebara.*

Eyioko es Odun de Muerte; fundamenta la reencarnacion y el nacimiento de Ibeyi, Los Jimaguas -donde un espiritu encarnó en dos cuerpos iguales-, la puesta del Sol y El Gobierno de La Noche; Odu masculino, representa al mundo, el campo, los arboles. De Eyioko nació el sexo femenino manifestado en las precursoras de Yemaya, **Oyantaro**, y de Ochun, **Omiloche** y representa al guerrero; Eyi que significa Eyo: guerra, combatir y Oko, tierra, la porcion terrestre de La Igba de la Vida,--la otra Igba es Orun—y habla con la parte negra del Obi. Eyioco nació directamente de Olofi.

Eyioco introdujo a **Iku** en la tierra por mandato de Olofi, fue el primero en morir y el primero que hizo ITUTO, por eso es considerado un Egun mayor. Nace el pudor y la apariencia física en los seres humanos. Odun de las Tinieblas y Egun, el poder perdido, la destrucción y la guerra. Eyioco forzó a Iku a vivir con el y por eso somos hijos de la muerte. Eyioco era orgulloso y quiso gobernar a Olofi quien lo botó de Igbodun -obra fuera de Ori-. Después de la muerte de Eyioco, Iku que era su mujer se quedó gobernando. Es Odun mayor y su color es el negro. Es una manifestacion del espiritu de la madre de la muerte.

Eyioco es el Odu donde se materializa la espiritualidad de Odu en Dilogun e Ifa y de Dilogun -Oyekun Tekunda- y la materialidad de Orumila -Ogunda Yekun--; consagro a su discipulo Iroso Osa y le entrego Dilogun. Dio de comer a La Tierra para subsistir; fue pescador y se representa con 2 peces y una flecha. Eyioco fue el primer rey que goberno la tierra y su gobierno fue de guerra y lucha; asexuado enlace de la dualidad aun Ogunda no partia la diferencia. En su camino awo sus discipulos lo envenenaron con carne de cerdo que le gustaba mucho pero se salvo cuando hizo ebo con ella.

Eyioko vaticina discusion y guerra entre hermanos, **falsa acusacion**. En Ire es un bien de **Oko**, la tierra, en Osorbo marca guerra y muerte, las 2 caras de la vida que dan fundamento a **Iretekutan** para exigir Igba para ascender al Cielo.

Nace en Eyioko que el cuerpo se destruya cuando muere y que el espiritu vaya a Otonowa. Es vida y muerte interactuando entre bien y mal como Okana. Eyioco consagro Oparere -el rincón del muerto- y dio reconocimiento al fundamento **Iku Iobi Ocha** del culto a Oricha Egun ya iniciado en Okana.

Lo representa Odua, como Egun mayor y capataz de todos los Egun. En Eyioco todo tiene dos caras. El compañero de Eyioco en la tierra fue Echu Bodé, el unico Echu que lleva Egun. Eyioco fue el primer **Obakinioba**.

Eyioco da nacimiento al sincretismo religioso y fue primero en empuñar el pagugu. Nacio el Pacto entre **Agayu** y **Araonu** para consagrar el arco y la flecha de Ochosi. Nacio el cementerio y Araonu , el culto a Egun y el pañuelo de Egun. Siempre hay que darle de comer primero a los muertos. Nacio en adivinar con un vaso de agua.

En Eyioco Elegua comio de primero y se multiplico. Nacieron los caminos de Elegua. Nace el titulo de Azojuano a Babalu Aye. Eyioco corona a Oya para como Rey de Egun subordinar a los Orichas a los dictados de Olofi (no le falte al Iruke palo dominador). Nace el perro de Egun y que el Egun perturbe al vivo. Eyioco despues de muerto vino a perturbar a Chango. Los jovenes quisieron saber mas que los viejos.

Eyioko marca ciclos de altas y bajas existenciales de las que hay que aprender para evolucionar sin detener la accion positiva en las caidas. EYIOCO es el final y comienzo de los ciclos. La ira no hace nada por nadie, la paciencia es la madre del buen caracter.

Habla en Dilogun en 3, 5 o 7 y sus múltiplos Oche-Odi (5-7) y Odi-Oche (7-5). Su dilogun no se tira en la estera porque habla por Yemaya. Sus colores son las tonalidades de verdes y azules.

Baba Erinle es hijo de Obatala y Yembo, hermano inseparable de Abata, compadre de Ochosi, tuvo amores con Ochun y Yemaya y segun historias **Logun Ede** sería hijo de Inle y no de Ochosi.

GUERRERO QUE LLEVA UNA LANZA DE PALO VENCEDOR EN LA CUAL CLAVA EL NOMBRE DE SUS ENEMIGOS Y DE SUS HIJOS. ERINLE REPRESENTA A LA FAMILIA Y ES UNA FAMILIA COMPUESTA POR 6 OCHAS Y ORICHAS CON ASAO, EL ESPIRITU DEL AGUA QUE VIENEN A CONVIVIR EN **ONILE.**

INLE ES MEDICO Y OCUPO ANTES DE OZAIN EL PODER DE LA BOTANICA ADEMAS DE PESCADOR Y CAZADOR, HIJO DE YEMAYA Y DE OLOKUN, NATURAL DE ILUDUN, TIENE TRES ASPECTOS, HOMBRE, REY Y HOMBRE PEZ.

CUANDO LA PERSONA ES HIJA DE INLE SE LE HACE UN MUÑECO DE BRONCE QUE SE CARGA CON LERI DE EGUN, ATITAN DE LOS 4 PUNTOS CARDINALES, DEL CEMENTERIO, ELLA ORO, 21 IGUI FUERTE, 7 HIERBAS QUE SE RECOGEN EN UN CAMINO, ACHE BORO (SEMILLA PARECIDA AL OBI), OBI, KOLA, ERO, OSUN, OBI MOTIWAO, ORO Y PLATA.

DESPUES QUE SE CARGA SE METE EN EL RIO SE LE DA COCO PARA PREGUNTAR LO QUE VA A COMER, DESPUES SE LLEVA A LOS 4 CAMINOS Y SE DEJA AHÍ HASTA EL OTRO DIA. INLE COME ANIMALES BLANCOS. EN ALGUNOS CASOS MANDA A TALLAR UN MUÑECO CON SU CAÑA DE PESCAR Y UN ANZUELO. LLEVA DOS GUIRITOS CON EL SE VA AL RIO A LOS 7 DIA.

LA FAMILIA DE INLE SE COMPONE: DE **ERINLE**: MACHO HERMANO Y ESPOSO. **ABATA**: HEMBRA Y ESPOSA. **BOYUTO**: ES MACHO, HIJO DE AMBOS ES EL ANGEL DE LA GUARDA DE INLE Y ABATA. **OTI**: ES HEMBRA, HIJA DE AMBOS ES *LA ANGUILA SAGRADA DE INLE.* **YOBIA**: ES MACHO, HIJO DE **ASHIKUELU**, AYUDANTE DE INLE REPRESENTADO POR EL ANZUELO. **LOGUN EDE**: ES ANDROGENO, HIJO DE INLE Y DE OCHUN, YA NO SE ADORA, NACE EN EL ODU ODI TAURO. **ASAO**: ES MACHO COMPAÑERO.

AL IYABO DE INLE SE LE PONE UNA CADENA DOBLE DE METAL MARTILLADO CHAFA DE MUÑECA, EN EL TRONO LLEVA SOBRE SU HOMBRO UN OKOFA QUE SE LE HACE DE TIRAS DE CUERO CON SU MANGO DE MADERA TALLADA EN FIGURA HUMANA Y REMATADO CON CARACOLES QUE BARRENADO SE CARGA CON: ERO, OBI MOTIWAO, KOLA, OSUN, OBI EDUN, AIRA, OBI BORO, ARENA DE RIO, EKU, ELLA ORO, RAIZ DE MANGLE, RAIZ DE ABROJO DE COSTA, DE ABROJO DE SABANA, ARENA DE MAR, HOJAS DE MARPACIFICO,. SE TALLA EN MADERA DE AVELLANO DE COSTA, EL MUÑECO IRA CON EL IYABO A LOS 7 DIAS Y SE MONTARA EL MUÑECO EN EL RIO Y SE LE DA UN GALLO, DESPUES SE TRAE PARA EL ILE Y VIVE JUNTO CON INLE.

NOTA: *EN ALGUNOS CASOS LLEVA MODUN MODUN, LERI DE ABO DE INLE Y TODOS LOS DEMAS INGREDIENTES. CUANDO ESTE ORICHA SE RECIBE CON UNA MANO DE CARACOLES NO SE ENTREGA; CUANDO SE DA CON DOS MANOS SI SE PUEDE ENTREGAR.*

INLE NO SE REALIZA DIRECTO, HABLA POR DILOGUN DE YEMAYA; PARA ESTO SE LE DA ABO A YEMAYA Y OTRO A INLE, CUANDO SE VA HACER INLE EN LA LERI DE UN NEOFITO SE LLEVA ESTE A LA ORILLA DEL RIO Y SE LE DA DE COMER A LAS PROFUNDIDADES DEL RIO EN TRES FORMAS:

1. AL FONDO DEL RIO SE LE SACRIFICA UN PARGO QUE SE CUBRE CON UNA IGBA.

2. AL AGUA INTERMEDIA SE LE DA ELLA ORO QUE CON UN ANZUELO Y UNA PITA SE SUJETA A LA ORILLA Y SE DEJA A MEDIA AGUA PARA QUE SE DESANGRE.

3. EN LA SUPERFICIE DEL AGUA: SE LE DA UN GALLO BLANCO Y SE COGE AGUA DE AHÍ PARA LA CONSAGRACION.

CEREMONIA DE INLE:

INLE, SE PELA LA MITAD DE LA CABEZA DE SU HIJO, EN LA CARGA DE SUS PIEZAS LLEVA MARFIL O ALGUN OBJETO DE ESTE MATERIAL EN SU SOPERA.

LA TINAJA DE INLE SE LLEVA AL RIO Y SE LE DA OBI Y SE COJE AGUA DE AHÍ, LAS PIEZAS Y LA TINAJA SE METEN SIETE VECES EN EL RIO, AL OMIERO NO DEBE ECHARLE ALAMO PORQUE LO PERJUDICA, EL IYABO DE INLE NO SE PELA, SE LE HACE CORONA Y SIETE TRENCITAS TEJIDAS CON CINTAS DE COLORES Y SE CUELGA DE CADA UNA UN DILOGUN.

INLE LLEVA UNA CORONA DE CARACOLES QUE ADEMAS LLEVA UN **INCHE DE OZAIN** *QUE SE HACE CON LERI DE DISTINTOS EIYOS QUE SE PREGUNTAN, SU PILON ES UN* **TRONO DE FRAMBOYAN**, *LOS PAÑOS CON YEMAYA. AL MONTAR EL SANTO SE PONE A YEMAYA EN LA CABEZA, INLE SE PRESENTARA EN LA FRENTE, LA ROGACION DEL IGBODUN ES CON PALOMAS BLANCAS.*

EL DIA DEL MEDIO SE LE PONE EN EL TRONO UN CAYADO CON LOS GUIRITOS DE OZAIN.

LOS BABALAOS CONTRAVINIENDO LA REGLA LUKUMI DE QUE EL SANTO HABLA EN DILOGUN REALIZAN EL ITA DE INLE CON UNA AWOFAKAN QUE EL PADRINO BABALAO CONSAGRA Y LE DA AYAPA CON INLE. SIN DILOGUN NO HAY FUNDAMENTO EN OCHA.

INLE COME: *ABO FUN FUN, EYABO, EYELE, PESCADO SASONADO CON GALLETAS DE SAL MOLIDA REVUELTO, TORTILLA, PURE DE PAPA, GOFIO, MAIZ, SALSA DE ALMENDRA, BOLAS DE CALABAZA, ÑAME, SU FRUTA PREFERIDA ES LA GUAYABA, MUCHO ACEITE DE ALMENDRA, CUANDO SE ESTRUJAN SUS HIERVAS EN EL OZAIN SE VIERTE ACEITE DE BALSAMO TRANQUILO Y ACEITE DE ALMENDRA.*

SE CUBRE DENTRO DE SU SOPERA O TINAJA CON MUCHA **TUA TUA**, *ESTA TINAJA SE LLENA DE AGUA DE LLUVIA Y SE LE PONE DENTRO UN CARACOL GRANDE TORNASOLADO QUE REPRESENTA A* **SINA**, *QUE* **ES SU VERDADERA MADRE** *Y TAMBIEN DE ABATA. ESTE CARACOL DURANTE CIERTO TIEMPO SE PONE DENTRO DE UNA CAZUELA CON 16 OTA DE RIO CON AGUA Y BASTANTE OYUORO (FLOR DE AGUA).*

INLE ES FISCAL Y CUANDO HAY PROBLEMAS DE JUSTICIA SE HABLA OFRECIENDOLE ALGO PARA SALIR BIEN DEL JUICIO, DESPUES HAY QUE CUMPLIR CON EL.

INLE NO ES PATRIMONIO DE BABALAOS PUES SIEMPRE YEMAYA HABLARA POR EL CON DILOGUN.

ABATA.

DIOSA PESCADORA, HEMBRA HERMANA Y CONTRA PARTE DE INLE, LA MANIFESTACION FEMENINA DE SU DUALIDAD, ES JIMAGUA DE INLE, **HIJA DE OLOSI Y OLOKUN**, VIVE EN LAS LAGUNAS, SE DICE QUE DE NOCHE ES HORROROSA Y VISTE DE AZUL CLARO Y UN VELO DE GASA BLANCA CON CARACOLES. SU SECRETO ES SELLADO Y LLEVA UN PEDAZO DE HUESO DE MANATI HEMBRA Y A LOS LADOS DOS CABEZAS DE MAJA, MACHO Y HEMBRA, TIERRA DE LAGUNA, EKU, ELLA, ERO, ORO, 7 CARACOLES, OBI, KOLA, OSUN, OBI EDUN, AIRA, OBI MOTIWAO, OBI BORO, SE CEMENTA EL FONDO DE LA TINAJA CON CEMENTO BLANCO.

EN LA RAMA DE FERMINITA GOMEZ SE PONE CABEZA DE ANGUILA HEMBRA Y MACHO, 7 OTA MOTEADAS DE NEGRO Y BLANCO, UNA ESPADA FLAMINGERA, UNA MANO DE CARACOLES, SE SELLA LA TAPA DE LA TINAJA Y SE LE ABREN HUECOS, COME JUNTO CON INLE, LLEVA UN CAYADO Y DOS PESCADOS DE BRONCE.

ABATA TAMBIEN LLEVA MUCHAS COSAS DEL MAR. UNA OTA POROSA QUE SE CARGA CON ERO, KOLA, OSUN, OBI MOTIWAO, PELO DE ADOLECENTE RUBIO, DULCE DE GUAYABA Y HARINA DE CASTILLA.

BOYUTO.

ES EL GUARDIAN DE ABATA. SON DOS GUIRITOS QUE SE CUELGAN DE UNA VARA DE CASTILLA, ESTA CAÑA SE REMATA CON CAÑAMO CON CASQUILLO DE PLATA DEL QUE SE CUELGAN LOS GUIRITOS.

LLEVA: UN GUIRITO, MARFIL, HUESO DE MANATI, LERI DE EGUNGUN, DOS IKINES, UNA PERLA, LERI DE EYABO, PALO VENCEDOR Y PARAMI, ASHO DE CASCARA DE NARANJA CHINA, PRODIGIOSA, HIERVA DE GUINEA, HIERVA BRUJA, LERI DE GAVILAN, LERI DE OWIWI, LERI DE EGUN ADORNADO CON PLUMAS DE LECHUSA, TIÑOSA Y GAVILAN.

LA CARGA DE LOS 2 GUIRITOS: 16 ATARE, 16 AZABACHES, 16 CARACOLES, ERO, ERU, OBI, KOLA, OSUN, OBI MOTIWAO, OBI EDUN, AIRA, OBI BORO, SE FORRA DE CUENTAS RAYADITAS DE INLE, SE ADORNA CON 16 PLUMAS DE LORO, COME GALLO BLANCO Y SE CONSAGRA DONDE DESEMBOCA EL RIO Y EL MAR.

ASAO.

COMPAÑERO DE INLE VIVE 6 MESES EN EL MAR Y 6 MESES EN LA TIERRA. ***ES JIMAGUA CON INLE Y EL HECHICERO DE OLOKUN***, VIVE EN UNA TINAJA QUE SE PINTA DE VERDE. SUS SECRETO SON: SIETE OTAS NEGRAS Y CARACOLES, UNA MANILLA DE LATON, UNA PIEZA DE DOS FLECHAS CRUZADAS ATRAVESADAS POR UNA ONDA SINOSOIDAL. FUERA DE LA TINAJA, LLEVA CENIDO AL CUELLO, UN GUIRITO CARGADO CON LERI DE CERNICARO, LERI DE LECHUZA, LERI DE ABO, ERO, KOLA,OSUN, OBI EDUN, EWE DUN DUN, PRODIGIOSA, IDE DE ORUNMILA, CEBOLLA DE COCOTERO, LERI DE EYA ORO, DE EYABO, **EL COLLAR DE ASAO ES DE PERLA Y MARFIL.**

COME: ABO, GALLARETA DE LAGUNA, PALOMA.

EYABA A INLE:

INLE COME PARGO SIEMPRE Y CUANDO SE CONSAGRE. SE NECESITA: UN PARGO GRANDE Y FRESCO, UN AKUKO FUN FUN, PINTURA DE SANTO, 8 VELAS, OYIN, OTI, ERO, EFUN, 16 HOJAS DE EWE DUNDUN, 7 EKRU, EKRU ARO, 7 OLELE, 7 BOLLITOS DE CARITAS, MAIZ TOSTADO, ROSITAS DE MAIZ, EKU, ELLA, ÑAME, TOSTADO CON MANTECA DE COROJO, ARROZ AMARILLO CON PUERCO Y BONIATO SALCOCHADO CON MELAO.

SE PINTA EN EL PISO UNA ATENA CON LOS 16 MEYIS Y OSHE TURA, SE TAPA CON ARENA DEL RIO Y ARENA DE MAR, SE DIVIDE CON DOS PALOS VENCEDOR Y SE PONE OSHE TURA, OKANA SORDE Y OTURA SHE, SE PONE ENCIMA INLE SOBRE OKANA SORDE, SE ENCIENDEN 8 VELAS ALREDEDOR, SE PRESENTAN LOS 8 ADIMU SE MOYUGBA Y SE LE REZA A INLE:

INLE MEYIOKE ARA KASO ARAWA INLE ARAWA INLE ARAWA INLE ARAWA NIYE INLE AYA AKA ARABA NIYI BO EYABO FULA OYO ENI KUWA OLOFIN.

SE LE PRESENTA EL EYABO A INLE, SE LE ARRANCA LAS ESCAMAS DE LA CABEZA Y SE LE CANTA: *ÑAKIÑA ÑAKIÑA LORUN.* SE LE ABREN BIEN LAS AGALLAS BUSCANDO LAS BRANQUIAS PARA QUE CAIGA LA SANGRE Y SE SIGUE CANTANDO: ***ELLA LAWA MAMA FORI ELLA LAWA MAMA FORI OBORI EYABO ELLA LAWA MAMA FORI OYI INLE ARARA OLI INLE.*** CUANDO SE ECHA SANGRE SOBRE LA ATENA Y EN LA ARENA SE CANTA: ***FOLORI EYE FOLORI EYE.***

SE TOMA LAS 16 HOJAS DE PRODIGIOSA Y SE MATA EL AKUKO SE LE PONE EPO, OYIN, LAS ESCAMAS Y LAS PLUMAS DEL AKUKO, SE ARRANCAN LA CABEZA Y EL CUERPO DEL PESCADO CRUDO Y SE MANDA AL RIO, LA LERI SE COCINA CON LOS IÑALES DEL AKUKO, LA LERI DEL PESCADO SE COLOCA EN EL BACULO O CAYADO DE INLE.

OTRA FORMA DE PROCEDER ES COCINARLE EL PARGO A INLE, SE LE PONE UN RATO Y SE COME CON TODOS LOS PRESENTES, DESPUES SE GUARDA LA LERI Y LAS ESPINAS PARA HACER EL COLLAR CON CORALES. EL CUERPO DEL AKUKO SE FRIE Y VA SOBRE LA ATENA, AL TERCER DIA LOS IÑALES SE COCINAN APARTE. CUALQUIER VARIANTE QUE SE UTILICE, AL TERCER DIA SE HACE EBO Y VA TODO PARA EL RIO.

REZO PARA LLAMAR A iNLE: *INLE AKALO ALABANIYE EPINIBOGUN ACHE ASIN ARO ELEIGUI AFONSI OKUN BARA OMI EPINICHOGUN*

Nota:. este tratado de Inle no reconoce la autoridad de Igba Ache Oricha en la consagracion de Oricha Egun y desconociendola sustituye a Chango y Osun y Odon por Odu Egun lo cual no permite que Inle salga de Ita con Ache con esta guia para hacer Inle sin Ocha. No le confiere potestad a Chango siquiera para ejecutar la ceremonia sobre Ifa que propicie un pacto con su Padre sino que ademas dejan a Inle sin Ozun para soportar su Cabeza y a la Cabeza sin Osun. Edun Eledun. Para consagrar Inle se requiere que hable Yemaya y Osun lleva pintura blanca, roja, azul amarilla y azul y rojo por Inle. No conoce este tratado la virtud del Oni Oni para consagrar Inle.

Para ganar una guerra que tenia con Alakesi Oyekunbika, cambio la cabeza de su hijo Igba Omi Odo por una ota del rio donde aparecio muerto. Desde entonces el iniciado en Ocha busca al espiritu del agua de Igba Omi Odo rogando la inmortalidad a Ochun en el rio.

Ogunda 3 nace de Odi 7 quien nace de Osa 9 y en Ifa es Baba Ogunda Meyi y pasa a ocupar la 8va posicion en ifa

El Cielo es inmenso pero no crece el Hierro.

Elegua, Chango y Ogun son compadres -no vinieron a traves del utero de Odumare- **y Ogun es Prenda con carga de Iwi** -Sarabanda era dueño de Ogue- **con hacha y machete.**

Hablan: **OLOFI,** OGUN, OLOKUN, YEMAYA, ASOJUANO, OBATALA, ELEGBA, OCHOSI, CHANGO, OYA, LOS IBEYIS, OKE, EGUN.

La accion que origina el movimiento en el Pluriverso se materializa en Ogunda; en La Tierra Ogunda se encadena al movimiento que equilibra y permite la unificacion de fuerzas de Oro y Okun para dar fundamento al bioverso de Ile Oguere desde el Reino del Hierro hasta el presente. **Olofi en Ogunda corta a Eya -el pescado- a la mitad para evitar la diferencia con Eru Oko y Eru Osani** -Elegua y Ogun-. En Merinla Olofi lega Igba a su primogenitura y señala al **Omoalara** y del mismo modo Ogunda compromete al Awo a consagrar Igba en Metanla. La jerarquia que confiere influencia por primogenitura exige a todo Awo consagrar Igba para que Odu pueda comunicarse direct con Olofi. Si no tiene Igba no tiene fundamento para ser reconocido Awo; no puede ser reconocido Awo sin la virtud de cortar la diferencia entre servir a Echu o a Olodumare y decretar su Ache.

Adifafun Olofin, adifafun Orunmila, adifafun Obini meta. Ala Iboru Ala Iboya Ala Ibocheche salvan a los babalaos que Olofi iba a sacrificar por mentir y enriquecimiento injusto cuando Orula intercede por ellos ante Echu a cambio de su servicio.

Marca ebo con 3 flechas marcadas. Oluo Popo descubre el secreto de las semillas del Ekuele como mensajero de Ifa.

Ijakuta, Elegua, Ogun y Olokun fueron los primeros en bajar de Orun a crear el Bioverso.

Iroso 4 nace de Ojuani 11 Baba Iroso Meyi pasa a ocupar la 5ta jerarquia en la escala de Ifa.

Orula le hace Ifa a Echu. El tiempo divino en acuerdo con Echu se humanizo en Iroso pero impide que pacto alguno permitia a un culpable escapar al castigo de Olodumare. Disputas entre Agayu y Obatala por el Ache que habia entregado Olodumare a Chango.

Nace el Rayo. Chango come akuko con Elegua, señala las 16 posiciones, fundamenta a Osun y consagra con Ogue el poder de Odu Ara. Iku lobi Ocha. Se ruega a Cabeza con Eya: el pez es mayor.

Para llegar hasta Iroso ha transcurrido mucho tiempo. Echu propone el reciclaje para luchar contra Eternidad.

Se atribuye la paternidad de Chango a Agayu: los argumentos no evaluan que Chango, como Alara se manifiesta en Aventere como Olofi en todos los estadios del Pluriverso; el argumento de la posicion de Agayu descendiendo de Oro admite que La Tierra es el centro del Universo en expansion gracias a la accion de Oro y en tal caso Agayu es Alara Oro. **La concepcion geocentrica.**

La **concepcion teocentrica** fundamenta a Olofi y la concepcion **heliocentrica** a Odumare Olorun una sola entidad que da origen a los Obatala -una Trinidad creadora de energia que permite la manifestacion de Egun en Aiye, espiritus viviendo experiencias humanas en transito a divinizarse --todos conectados con Chango que ejerce en Orun como Iku y en Aiye ejerce como Oricha. Oricha Egun.

Orun atrae a los hijos de Okun a Ocha y en **Iroso Umbo** le hace Ocha a Elegua. Desde entonces Elegua vive en la puerta como Dios de la casa, -ile- para interceder entre Olodumare y Echu. Echu no es Ocha y es consagrado en Ifa y vive fuera de la casa -ile-. La trayectoria de La Trampa que Echu le hiciera a Orula --la Deidad que Chango comisiono guardian de Odu- para que Ocha -La Divinidad- sirviera al humanismo fue usada para justificar la extraccion de riquezas a la Naturaleza -3 caretas repletas de tesoros robados a Olokun por Cabeza-- a la que reprime su divinidad se extiende hasta Eyeunle Iroso - Ogberoso, El Abure Odu Nsambi- que lucha contra las instituciones que ofenden a Olodumare. Ouroboro. Se cierra y abre ese ciclo de Odu en Unle con Iroso eternamente? La Rogacion con Pargo puede dar respuestas.

Mochebo taruku taruku variase variase adifafun Yewa.

Iroso kalu y Ofun nagbe El Ategbo ateye atenta contra la libertad y en la punta el cuje de rascabarriga trae condena.

Al Rey Coronado solo su Angel lo castiga.

Una civilizacion despierta a la divinizacion de Ocha ha trascendido el karma de su humanizacion. Ocha es el recurso para integrarse a la energia creativa de Odumare, la madre del Bioverso, La Creadora.

Oche 5 nace de Ejiogbe 8 quien nace de Ofun 10 y en Ifa es Baba Oche Meyi y ocupa la posicion 15va en Ifa.

Olofi elige a Oche su sucesor. En Ochun se manifiesta Olofi Iya, Obini, la hembra dulce del agua que traera los gozos del ambar y la miel con las promesas de La Dicha de Orun a Aiye. La Aguja carga al hilo. La sangre con karma obtiene cabeza y pies para que Egun y Orichas evolucionen en Aiye en camino a Odu, la divinizacion. **Ololodi** es aventere Olofi; en Lavatorio es Ololodi quien confirma hablando en Eyila que Chango esta siendo consagrado Oricha y el Ita debe confirmar que es Ochun Ololodi para certificar la jerarquia de un Omo Alara.

Hablan Iku, Olofi,Odua,Egun,Ochanla,Yeyemowo,Nana,Ochun,Obba, Olokun, Ideu y toda la familia Ibeyi,Inle, Asojuano,Osain,Olokun,Obatala, Elegua y Ogun.

Kulu kuluche Oche maluku maluku aun babalawo adifafun Akatanpo

Nace el Ache y que con ikines no pueda hacerse Santo.

Causa y efecto. Odu viene del cielo y se manifiesta Oricha en Onile. **Oju Odu** es cielo y tierra: **nacen las religiones.** Oche viene al mundo anunciando la exigencia del ebo para triunfar sobre los enemigos del cielo y de la tierra **Ose segun ni Aye ati Orun.** Vino en Ibadan en el Odu numero 15 a hacer osode a Lagelu, el fundador de la ciudad quien le pidio su asistencia para hacer mas populosa y fuerte la ciudad destinada a la destruccion por ignorar la profesia de Awo Ateka, quien convino en que Oche Meyi ayudara a Lagelu.

Oche Meyi canto en Ibadan: *Ibere agba bi eni naro lori A difa fun Ose. Ti awoo re ode Ibadan O ni Ode Ibadan ti oun nlo yii Oun le rire nibe Nwon ni ebo ni ki o waa ru Nwon ni pipo ni rere re O si ruu. Osi ni Opolopo aje. O ni be e gege Ni Awo oun fenu rere ki Ifa Ibere agba bi eni naro lori Adia fun Ose Ti nsawo rode Ibadan Aje de o niso. O roo mi a da yayaAje je nri o mu so kum Aje je nri o mu se ide.* Y hizo un ebo que llevo **Akure** a Orun para fundar **Oriyangi** la nueva ciudad donde Oche Meyi planto Opa Osun en la loma Oke Ibadan donde luego enterrarian a Lagelu y desaparecio.

Oche marca recibir Ideu y Aiye y cuando se tenga Oche Meyi, porque este signo habla la perdida del hijo de Ochun o el hijo perdido de Ochun.

ideu

Ideu es el varon que nace despues de unos gemelos. Es hijo de Ochun y Chango en el Odu **Ogbebara**. Ideu es Oricha Egun y tiene pacto con Iku como tercero de los Jimaguas de Ocha. Ideu forma parte de los Ibeyi, que son 7 en la familia de Olokun, compuesta de nueve Orichas, que son los Siete Ibeyi, Olokun y Chango como padre criador de ellos.

Los Ibeyi son: Aina, Kainde que nacen de Chango y Ochun en **Oyekun Meyi** a los que se les da tambien el nombre de Taewo y Kainde, Ideu, Olori y Oroina también femeninos, Itawo, Aragba y Aína, Ayaba y Aíba son todos femeninos; Alagua Kuario y Edun, Aden, Alagba, Ibo e Igue, Oraun, Ono Nibeyi e Idobe, Olon y toda la cuadrilla del que puede ser considerado octavo Ibeyi: **Ipori**. *Oricha Egun.*

Oche marca recibir Ideu y Aiye y cuando se tenga Oche Meyi, porque este signo marca la perdida del hijo de Ochun o el hijo perdido de Ochun y tambien se recibe en Odi Tonti Oche, Eyila tonti Oche, *Otruponche*, Ojuani Tonti Oche, *Ojuanioche*, Ojuani Tonti Metanla, *Ojuanirete*, Okana Tonti Ojuani, Marunla tonti Metanla, Eyioko, Obara Meyi y Medilogun tonti Odi.

En un pataki de Odu en Ojuani Tonti Metanla, Ojuanirete explica que Ideu fue raptado de su tierra y llevado a otra donde se hizo awo, lo que da origen a que ifeistas atribuyan su paternidad a Orula con Ochun. Su Isalaye es en Eyeunle Tonti Oche, *Ogbeche,* donde nace en el vientre de Ochun, en Ojuani Tonti Metanla *Ojuanirete* donde es robado y llevado a otra tierra y lo hacen awo y en Ojuani Tonti Oche donde Ochun le da de comer a Elegua para que este convenciera a Chango de entregarselo al pie de La Ceiba.

Ochun es la menor de las hijas de Olofi y en Onile se manifiesta en aventeres o caminos que nacen en Oche con las encarnaciones que descienden de Orun a Aiye con Iyami y en Aiye de Nana Buruku en Ocha donde por la accion de Ochun Ololodi nacen nuevos aventeres Ibu en la esfera Oricha que se manifiestan en Aiye como Ochun Ibu Ikole, Akala Kala, Kole Kole, Ikole, Bankolé, la tiñosa (buitre), con la cual trabaja. Su nombre significa *aquella que recoge y recupera la basura y los polvos.* Nace en Eyeunle Ojuani, es la mayor de las Aje (brujas) y sabe como hacer y lanzar conjuros. La tiñosa es su símbolo y ademas su mensajera, la cual transmite sus caprichos. Se dice que la Ochun de este camino solo hace cosas malas y come lo que la tiñosa le trae. En Cuba es la Ochun que se honra sobre todas las otras; **come** chiva, dos gallinas blancas, dos palomas negras y guinea. Vigila la casa. Vive en una tinaja de barro con sus ota sobre una rosa de Jericó. Se pone a comer en una palangana con agua. Entre **sus atributos** se encuentran una muñeca de porcelana o plástico, dos bolas de billar, dos espejos, 5 plumas de tiñosa, 5 morteros de marmol. Lleva un abanico hecho de plumas de tiñosa con cuentas blancas y su corona va adornada con plumas de tiñosa y dos morteros, una escoba, dos remos, una espada, una luna, una copa, una campana, un tambor, un tridente, un peine, una mano, un pilón y diez lanzas. Se le puede poner 10 plumas de loro africano que pueden llegar hasta 55. Se le pone un cesto con 5 agujas para coser con un dedal y un ovillo ademas lleva un Ozain que cuelga sobre la tinaja en un guirito con plumas de tiñosa y lo ayudan a volar. Su Ochinchin se hace con limo de río, ceraja, bledo blanco o acelga.

Dentro de su sopera lleva una flecha, 55 brazaletes de oro haciendo un collar y 10 lanzas. **Ibu Akuaro** es una Ochun joven, muy trabajadora y se rehúsa a hacer daño. La codorniz es su mensajera.

Se dice que es sorda por lo que hay que llamarla con una campana. No lleva corona. Vive donde concurren el río y el mar, otros dicen que debajo de saltos de agua. Su collar lleva cuentas blancas, verdes y amarillas pálidas. Su receptáculo lleva coral y azabache. Nace en Ojuani Melli y come codornices. Lleva una banda de cabeza en forma de serpiente del tamaño de la cabeza de su hijo. Lleva una maja y pluma de codornices para adornar su tinaja. Tiene un nombre secreto, conocido solo por sus hijos. Lleva ademas dos lanzas largas, dos remos largos, dos codornices, un bote, una luna, un espejo, una espada, una aguja, un abanico, un hacha doble, diez brazaletes, diez flechas de Ochosi. diez pañuelos verdes y amarillos. Al lado de su sopera le gusta una almohadilla de coser y un cuerno de venado y una campana y su bastón **Akinoro** que se hace de mangle y vive dentro de ella. Asojuano fue esposo de esta Ochun. Este bastón llamado Akinoro adornado con varias figuras con las que le encanta bailar, simboliza a Elegua, del cual otros dicen que fue su esposo.

Ibu Akuaro es la que cura a los enfermos, benefactora de los necesitados. Ayuda mucho contra las maldiciones y los hechizos y también contra los **abikus** *espíritus que ocupan el cuerpo de niños por lo que mueren muy jóvenes.*

Del mismo modo que Nana Buruku, la Madre de Echumare fecunda a todos los Ocha, Asojuano, Iroko, -la creadora del Bioverso nacio de la union de los espiritus de Olorun y Ochukua, Mawu y Lisa- rige la vida en Ona Ocha como Yeyemowo y Yemu y en Ona Oricha como aventere del agua dulce y la salada, Ochun Irunmole se bifurca en **Ololodi** como **aventere** Iya Olofi conectando Orun y Ocha, -La Sangre que corre por las venas, **Ibu**-- con Odu: creadora de Universos, afanes e ilusion, aventeres y Apetebi Yafa, Odu Ocha que salva a Orula. Maferefun Orula...Iboru Iboya Ibochiche.

Perdiendo se gana. Orula hace competencias para alimentar a Echu y que este, bien lleno de comida, accediera quitarle el Ache al Caracol de Oche.

Aikodie, La Pluma del Loro vence a La Envidia que provoca ser reconocido por Olofi. Ache To Ache Dima to iban Echu.

Obara 6 nace de Eyila 12 quien nace de Okana 1 y ocupa la posicion 7ma de Baba Obara Meyi en las jerarquias de Odu Ifa

Onibara olo Odo Obara Elegbara adifafun Elegua. BABA ACHE OLUEKO ACHE OSAIN. *Osain y Echu reciben ofrenda de Orun y Obatala --Ayaguna-- para que Chango recupere El Reino.* Obatala rige sobre Obara; Chango aventere en Obara es Oricha que nace de Obatala y Obatala reclama su Alagba Awo. **Aventere hace manifiesta en Aiye otra ona de Olofi.**

El Rey del Cielo corona al Principe en La Tierra. Quien traiga los colmillos del Elefante sera Rey.

Tata Alberto estuvo en la epoca en la que los Egbado fueron a buscar las Prendas. Cuando Nsasi estaba en Ngo Batu Mayaka participo como Bakofula del Tata del Nso en la consagracion de Obara a Sarabanda Nkisi de Obara en la Prenda de Ta'Jose donde Nsasi kuenda Menga Malongo 7 Rayos Ndoki. Obara se fue a otra tierra donde fue Oricha y consagro Yaya a Baluande que enviada por Olokun fue Obini de Nsasi. Obara mas tarde fue su Oluo cuando Okutemi consagro Yemaya a Iya Olorun -y la serpiente le hizo Oro a Olokun- hasta consagrarse Alaguabana y Olofi decreta el envio de la guerra para La Ciudad. El Tata fue llamado a baquiñarla oloñu para reforzar su estirpe de Sarabanda Nkisis. Obara fue el Alaguabana que Olofi envio a consultar a la hija de Odua que bajaria a Aiye a restaurar La Corte de Ochanla en Olodu. Cuando Iyade bajo de Orun en Oyekun Meyi Obara hizo los eboses del signo para que naciera como hija de Ochanla y Obamoro de la cazuela de Chango Obaradi. Entonces Olofi envio al Oni Oni con tiempo sificiente para consagrar a Olo Olo instruyendolo para que en los predios de Baluande sembrara primero La Ceiba que daria la Sombra requerida para el nacimiento de La Hija de Olokun. Su Iyare fue enviado por Olofi a entregarle fundamento. *Kuenda Tata.* **Iku lobi Ocha:** El muerto y el vivo se juntan para salvar al mundo.

Oye, el espiritu del Viento forma parte de La Corte de Obatala y Odua. **Obara es candela en la Cabeza. Chango** baila y pacta con **Iku** La Muerte. El rio se lleva la ropa de Enfermedad. Llega la Claridad al mundo gracias a Obara cuando en Odi fue asistido por Ala Kolaba y Oni Obuken Omo Olorun que vive en La Yagruma en el ebo para desterrar a La Niebla que no dejaba brillar a La Luz del Dia. **El dia desperto de un sueño.** Prosperidad pacta con Echu. Las Posesiones como premio y castigo humanista. El Ache de Calabaza, Quimbombo y Obo. En Obara tonti Osa Chango reclama a Agayu la Autoridad sobre Sus cabezas como primogenito de Iyamase; desde entonces Agayu se hace a traves de Chango o de Ochun y cuando El Volcan erupta Chango se adelanta a saludarlo.

HABLAN: Iku,Olofi,Odua,Chango, Osun,Echu, Osain, Orula, Bromu, Brosia,Aroni,Arona, Iroko, Obatala,Ayaguna, Elegua y todos los Oricha.

Ijakuta, el que lanza las piedras, nacio en Orun --antecesor de Chango Arufina, Kabiosile que nacio de **Ayalua Iyamase** que habita en la profundidad de Okun --, hermano de *Abokun* y *Dada*-- es la Deidad encargada por Odumare y Olofi de la custodia de La Ley que en Onile representa Chango y su aventere Obakinioba en el Odu regente ante Olofi para La Corte que cobija a todos los Ochas y Orichas; no luce Aikodie, la pluma de Loro, en su Corona porque se las ofrenda a Olofi a cambio de los poderes de **Ngo** *el tigre* de la Palma en el Lire y el Jaguey, del Cedro y el Ayan, el Caobo de su **Oche** –La Corona con la doble hacha que en **Osa Tonti** adquiere identidad femenina—**Odo** el pilon del Trono y la Batea donde guarda sus secretos -6 ota dundun y 12 funfun, 1 Odu Ara, 12 guacolotes, 6 caracoles kobo, 12 ojos de buey, 12 mates, garras de gorilla, leon y tigre, colmillo de leon, una flecha de Ochosi, Osain y un pescadito de Cedro o Ayan que simboliza a Eja Oro entre sus herramientas.

Chango tambien hizo pacto con Ogun y usa herramientas de metal. El custodio del Trono de Chango Alafin es **Obakolaba.** Aventeres.

En el Reino de Koso un Oba llamado **Emiru** que tenia fama en todas las tierras de su poder y fortuna.

Chango para probar su poder se transformo en un infante y le exigio le entregara el Trono dado que el era el Rey de todas las cabezas.

Emiru llamo a La Corte y le dijo que el infante le pedia que le dejara el Trono pero como nadie le conocia mando a que sus hombres lo mataran y lo tiraran al rio. Cuando estos volvieron de cumplir con su mision el omokekere estaba de nuevo sentado en el trono de Emiru y los hombres entonces lo mataron de nuevo pero el nino de nuevo regreso a posesionarse del Trono.

El Oba considero que si hacia matar al omokekere por las mujeres este pudiera no regresar de nuevo. El omokekere que entendio lo que el Oba habia propuesto se puso a saltar y a hacer milagros y mientras las obini lo perseguian salta un hueco grande, se sube a Aragba y termina muerto colgado de una rama por una soga.

Cuando las obini regresaron al Palacio y le contaron a Emiru que el omokekere estaba colgado de la rama de Aragba inmediatamente se hizo osode saliendo Osalofobeyo que le marco llevar el ebo al pie de aragba debajo de donde colgaba el omokekere, cavara una fosa y despues cortara la soga dejandolo caer.

Asi lo hicieron y el omokekere cayo sano y salvo y Emiru le dijo a Chango: Se que eres tu, ve y ocupa tu trono; a lo que Chango contesto: Tu seras de ahora en lo adelante Oba Kolaba, el Rey que cubre y guarda el secreto de Chango.

SECRETO DE OBAKOLABA, GUARDIAN DE CHANGO; NO ES ORICHA SINO UN GUARDIAN DE LA CORTE DEL ALAFIN DE OYO.

SE FABRICA UN MUÑECO DE CEDRO QUE VIVE SOBRE UNA CALABAZA TALLADA TAMBIEN EN MADERA; EL MUÑECO LLEVA UN HUECO EN LA CABEZA Y SE CARGA CON: LERI DE MALU, ABO, AKUKO, ADIE, AYAPA, ALUKO (GALLERETA), ETU, EYELE, EKU, EPO, ORI, IBIN, ORO, COLMILLO DE LEOPARDO, RAIZ DE PALMA, CEIBA, ORTIGA, KOLA, OSUN, ERU, OBI, OROGBO, ATARE, OÑI.

La Calabaza que sirve de base al Agboran lleva un Dilogun y atributos que se consagran en Igba Iwa Ache Oricha para los Oni Chango que pasaron a Ifa.

Cuando no se tiene la Igba Iwa Ache SE LLEVA A CONSAGRAR AL PIE DE LA CEIBA Y ALLI SE ABRE UN HUECO, AL LADO SE PONE A CHANGO Y AL OTRO LADO DEL MUÑECO SE MOYUBA Y DESPUES SE LE LLAMA CANTANDO:

LERI MARU OBA KOLABA ATE OBAYRE ARAYE ALAFIN. (SIN ALA KOLABA NADIE SE PUEDE SENTAR EN EL TRONO DEL ALAFIN). Este Tratado obliga al Oba a recibir a Alakolaba para poder sentarse en La Estera y Ala Kolaba debe ser consagrado en Igba Iwa Ache Oricha para honrar a Obakolaba y a La Corte del Alafin que consagrado Oni Chango Obakinioba ejerce potestad de Olofi y Olodumare sobre Ocha y todas las Cabezas. Omolorun Ochabukan.

Obatesi significa el Rey de La Estera, ile Ocha donde los Orichas hablan en Caracol fue enviado a reclamar el derecho de **Iyamase**. *Cuando la verdad llega la mentira se va.*

Odi 7 nace de Okana 1 quien nace de Merinla 14 y ocupa la **4ta** posicion de **Baba Odi Meyi** en la jerarquia de Odu en Ifa.

Achamaruma adima adima baba yerimo Ochanla. Oricha Egun y Odua dan el ire. Iku vence a Vida.

Chango y Orun reviven el espiritu de Erinle Oricha. Oricha Egun. Aventere Olofi.

Nace Ikofa. Nace Zapato. La humanidad se impone a la divinidad: por primera vez se entierra hueso. **Acheyeye**, *el hijo Abiku de Orun con Olokun,* habia venido a Aiye 16 veces. Cada Cabeza es un mundo. Yemaya -mensajera del Espiritu del Agua y de Olokun-- le da de comer a Oko y Ogun con Chango para proteger los secretos de Dilogun y terminar el mal en Aiye.

OLORUN PARA QUE NADIE PUDIERA OPACAR AL ALAWOBANA NI PUDIERA NADIE DETENERLO EN ALGO QUE EMPRENDIERA COLOCO SU REAL ESPLENDOR EN EL COFRE DE OLOFIN.

En **Odi Tonti Odi** nacio el **Dilogun** de Aiyede el Elegua de Igba Ache Oricha en el Munanso Kimbisa Ntoto.

Las Nalgas. Odi se sustenta en los 4 Pilares del mundo. La Muerte lo hereda todo sobre La Tierra. Egun es quien debe tener fundamento y estar bien fortalecido para vencer. Se comparten las sobras de las comidas con Egun en Opa, en las esquinas, en un hueco en la tierra y en el agua que corre. Yemaya posee una Prenda con 3 Egun en Odi; **En el tiempo que fue esposa de Orula fue obligada a darle camino en Ile Ibu para servir a Ifa.** Orula impone Ifa sobre Ocha para sus castas procedentes de Orun y Okun y la interpretacion humanista de Odu como Regla se impone a la Regla que rige el Ache de Oricha Egun en Aiye.

El espiritu que acompaña a Odi se llama **Ejiokomi** que anda con tres muñecas cargadas con Egun; una es **Asokere**, la segunda **Adere** y la tercera **Isani**. .

Chango Obakinioba Obatesi fue consagrado en Aiye por el Alawobana Eyiokomi en el 2005 a la sombra de Iroko. Todos los Orichas anunciaron a Olofi con Aña el evento. Odi dice "*siembra frutos que otros recogeran*". Eyiokomi es el nombre del Alawobana Ejiogbe que Olofi envio a consagrar Igba Iwa Ache en el Munanso Kimbisa Ntoto. Ache.

Eyeunle 8 nace de Merindilogun 16 quien nace de Eyioko 2 y ocupa la posicion 1ra de Baba Ejiogbe Meyi en el orden jerarquico de Ifa.

Olorun Baba fefe baba rere, adifafun echu, lordafun Orunmila, kaferefun Olokun.

Opa, Pikuti y Afi Opa: **Ipori**. El lenguaje doble procedente de diferentes hemisferios que reciben informacion de dimensiones diferentes para que la sintetize **Ori** si esta Ire. *Igba Iwa*. La Cabeza lleva al cuerpo. **Eleri Eri**. La jerarquia del Loro. *Echu Aye para el Espiritu que viene del mar.*

Metalofin y Aiye dan origen a Eyeunle. **Ochanla** jerarquiza La Bipolaridad de Odu y le confiere a Eyeunle la Corona de los Olodus en Ifa y la autoridad para reinar sobre las cabezas de Obatala en Ocha. Orula, de la casta de Orun y Obatala que habita en los Ikini Ifa y no tiene Corona de Ocha, no otorga, siendo Ocha como Ochanla, esa potestad a Odu. Eyeunle es energia dual, solar y lunar que fluye desde Olokun a Leri en Oricha Egun. **Olo Olo,** hijo de dos cabezas: Obatala y Ochanla y tambien de Olokun y Obatala que se consagra **Agana** o Yemaya Oro Agana para que habite La Corte.

Oricha Egun en Eyeunle : rige la Cabeza. La Iwa de Eyeunle se fundamenta en **Ochanla** que rige sobre todos los Obatala, la Prenda con Tiembla Tierra en Opa y Odua con Ochun y las Cortes celestiales y terrenales -Mpungo-, Olokun, Olorun, Olodumare que configura Trinidad como **Obalorun** conforman La Corona de Eyeunle en Ocha y **Igba Odu** al consagrar a Odua lo confirma Oricha Egun consagrando a Odua.

Los aventeres Olofi Oni Oni Chango se fundamentan en Igba Iwa Ache por el Mandato de Olodumare a Chango que Olofi le encomendo cumplir en La Corte Oricha y no hay Corona --El Mandato de Orun y Odumare-- para **Chango Alara** en Aiye sin **Igba Iwa Ache Oricha**. **Igba Odu** nace con El al consagrar Oricha Egun.

Aventeres Olokun procedentes de Orun son Egun y su Igba se fundamenta en Oricha Obatala y en Ochanla, Odua y Orula con todos los Ochas y Orichas de Aiye para acceder la Luz de Olorun en Odu. Hay 101 aventeres Echu en Eyeunle.

Orula habia ya transitado por 15 Tierras -aventere- cuando Ejiogbe vio a Ife en Eyeunle e instauro Odu Leri con Leyes humanizantes y posibilita la colonizacion de Aiye degradando Su Divina Jerarquia. Dualidad de **Unle**: Cielo y Tierra. Adviene La Religion. Akenaton--aventere- desciende de Sirio a imponer el culto a Aton, El Dios que rige en todas partes y se identifica en **Odu**.

Cuantas veces sucedio un advenimiento? Cuantos suceden hoy en Ate si cada vez que sale Eyeunle viene Cabeza en ire o osorbo, con una verdad del kosmico que debe decretarse en La Estera para que Cielo y Tierra se reunan y Cabeza ebode?.

Akoko Olokun y Mposi, Ochukua, La Luna.

El Arcoiris solo ocupa el espacio que Olodumare le dio. Aventere Odumare Olorun, Nana Buruku.
Maferefun La Loma, Iroko, Ochun Kole.

Olofi se rogo la Leri con aikordie.

AQUI FUE DONDE LOS MINISTROS LE DIJERON AL REY QUE TENIA QUE SACRIFICAR A SU PRIMOGENITO PARA SALVAR A SU PUEBLO. El ebo a Echu realizado por Ejiogbe en Eyeunle fundamenta al humanismo sacrificando las Reglas de La Divinidad al establecer la posibilidad de negociar con Ella su ofrenda humana a cambio de otra sangre agradable a Dios. El antropocentrismo evoluciona en el pensamiento a partir del teocentrismo creador de Divinidades: **Aventere**. ## Hablan Las Cortes celestiales y terrenales.

Eyeunle marca dicotomia de saberes y conocimientos lateralizados, paralelos en los hemisferios cerebrales y en la cadena adanica, que no se conectan sin Igba.

Nace el Ache Eleda -coco masticado- de los pajaros que regurgitan alimento a sus crias. Nace la rogacion con Eya tutu. **Achibata** hizo ebo para flotar y tener hijos y por eso Raiz no la sujeta. Ejiogbe come cabeza y Olofi lo reconoce Cabeza.

Eyeule Tonti Obara posee la virtud de comunicarse indistintamente con el mundo espiritual y el mundo material.

Odua Alawana es un ser muy poderoso que tiene el cerebro muy grande lo que le permite estar en dos mundos a la vez: el mundo del espiritu y el exterior que lo rodeaba. Cuando lo absorbe su mundo interior no oye lo que sus hijos **Aguemas** le dicen creyendo estos que **Odua Alawana** esta sordo: aprovechando la visita de Orula le piden hacerle osode y le vieron **Eyeunle Tonti Obara** marcandole **ebo** con dos pitos; uno abierto y otro cerrado para despertarlo de su mundo interior y que cumpla con lo que sus hijos le solicitan en el mundo material.

Para vencer Chango come jutia con Elegua. En tiempos de no padecer el Cielo y La Tierra se distanciaron por conflictos de dominio y el Cielo creo a **Iyondo** que encerro el agua en un abismo y esparcio la maldicion en la palabra. **Iroko**, el hijo preferido de La Tierra y El Cielo, y La Tiñosa -Kole- clamaron al padre del Cielo y de La Tierra -aventere Olofi **Obalorun**- y salvaron a La Humanidad.

Obbanani habla en Eyeunle y nace de Ochun. Sus ofrendas son en numero de 8; nace en Ogbeyonu y en Ogbeche marca recibir su fundamento. Se apacigua con el **Agogo** de Obatala.
Sus Adimu predilectos son el pescado fresco crudo cubierto en miel, las peras en mantequilla y las torrejas y come adie funfun y chivo odan con Ochun.

Osa 9 nace de Odi 7 quien nace de Ogunda 3 y ocupa la posicion 10ma como Baba Osa Meyi en el orden jerarquico de Ifa.

La Vida y La Muerte andan de la mano. *El Viento levanta La Candela que el Agua apaga. Si no ofrendas tu sangre ofrendaras tu carne. Nace La Esclavitud. Sin Fuelle no hay fragua.* **Esfuerzo atrae a Recompensa**. *Aventere. Mono pierde el habla por insubordinarse.* En Osa Tonti Merinla El Tigre no pudo comerse al Chivo y nacio el **Kuanado** para sacrificarle a Orula y Orun. El Ache de **Pinado** lo otorga **Odu Obatala** como dueño del **Ogbe** -Cuchillo- que Ogun usa para sacrificar sobre Ocha.

Osa Kanengue eriate. Lo que mal comienza no augura buen fin. Vinieron las enfermedades y la medicina. Oyeyei pacta con Iku para salvar a Obatala.

Hablan : OLOKUN, AGAYU, OBATALA, ODUA, EGUN, OGUN, OYA, OBATALA, OSAIN, IROKO, OCHUN, OBBA, OKE, BABALU AIYE Y YEWA.

Osa rige las vibraciones entre La Tierra, el Sol y La Luna. Se inicia el culto de elevacion a Egun.

Bara buru, buru bara afoche baba, obragadan adie Oyo maferefun Sarayeye

Egun ya residia Kiyumba. La Autoridad tiene una sola Cabeza. Nace que Los Orichas bajen a vivir en Leri. Osa 9 sirve a Cabeza, --ve la Luz primero que los ojos-- su mejor amigo y su peor enemigo. Los Mpungo se comunican con Nfumbe Nkisi Nganga que transmite el mensaje. El eterno comenzar conlleva conclusiones -aventeres-.El Viento no tiene sitio fijo y igual trae vida que Muerte. Lo que se escribe no se borra. Los padres no piden Bendicion a sus hijos. Lluvia no vive en superficies. La Sabiduria no es secreta.

Odumare creo a los humanos como recipientes de La Divinidad que Echu esclaviza a Voluntad. La Cultura humanista con todo su atractivo es trampa de Echu para distraer a La Divinidad programandola en la mas baja frecuencia energetica de su Proposito.

Proposito tiene la virtud de Olofi, Olorun y Odumare para manifestarse en todas partes. Tiene un tratado con Odua para vivir en Cabeza y Obatala recibio a Proposito en el encargo que Odua le encomendo poner en todas las cabezas. Proposito vence los obsculos que vienen como karma en la sangre con Egun y se conecta con Ocha cuando obra sobre Leri; los cordones adanicos hasta Odua se activan en Opa con el Nkisi y Ocha conecta a Leri con Odu para que sus pies transiten donde viven Los Osorbos y conduzcan a Proposito con la guia y ayuda de los Ajagunes y Elegua, el dueño de La Oportunidad que conduce a Proposito, Ogun, el dueño del mecanismo que conduce a Proposito, Ochosi el cazador de Proposito y Osun que impide olvidar a Proposito.

Ofun 10 nace de Osa 9 quien nacio de Oche 5 y ocupa la posicion 16va como **Baba Ofun Meyi** en el orden jerarquico de Ifa.

El ciego guia al caminante. Es recomendable hacer conciencia del estado de pureza y elevacion que requiere un sacerdote para honrar y atender a este Odu que trasciende a Cabeza y a Egun. Nace que termine lo comenzado. La seguridad de La Muerte. La Maldicion tiene raiz en el vientre de la Madre. La casualidad no existe. Amanecer nace de La Noche.

Baba Oragun Jekua Baba Kukutu Okuni. Maferefun Egun Obatala, Oya Ati Orun y Orula es excluido del Palacio de Obatala. Poroye y Oloche: renacen los muertos y nace la maldicion y que Odua hable a traves de Obi y que Orula hable por Odua en Ifa.

Oyifun el espiritu del Fuego pacta con Obatala permitir consagrar a Chango a cambio de respetar la leri de Agayu y Okun. Semejanza no es Igualdad.

HABLAN: OLOFIN, ODUA, OBATALA, DADA, OGUN, NANA BURUKU, CHANGO, IBOKO, AZOJUANO, ORULA.

Avaricia y desobediencia se pagan con la vida.

En **Ofun Tonti Oche** el Muerto y el Santo se reunen en Leri por obra de Ochun, **Apetebi Orun** y se impone Ndoki a Nsambia -*que trabajan juntos potenciandose Uno al Otro en el ebo*- desde Opa con La Prenda y Ocha hasta el esplendor de Odu y La Corona: **Oricha Egun.**

El que mucho abarca poco aprieta. Los hijos no dejan de crecer. Ofun honra la jerarquia del hijo como manifestacion de la evolucion del ADN ancestral y presencia de su divinidad, fruto de culto que requiera ODU en su leri. La Jerarquia del mas chiquito. Ofun implica sabiduria y necesidad de Odu Ocha y al Oloricha le marca la necesidad de consagrar Ochas que le otorguen Potestad para trabajar el ire como Obatala sobre Cabeza. **En Ofun Tonti Eyeunle El Rey reconoce La Corona.**

Cabeza y Cola se oponen y conviven juntos. El Coco, Obi, blanco y concavo por dentro y oscuro y convexo por fuera. *Aferramiento* obliga a hacer ebo y comprometer al Alagbatori con el Ayagun que acepte su obra y cumplimentar tambien con Ocha. **Opolopo Owo** es el derecho que marca El Santo como sacrificio material exigido para la realizacion de un ebo que propicie a Aferramiento. *Mientras mayor sea el sacrificio mayor sera la recompensa.*

Olofi no permite que su obra desaparezca. Por mucho que sople el viento el Sol no cambia su camino.

Ojuani 11 nace de Oche quien nace de Iroso 4 y ocupa la posicion 6ta de Baba Ojuani Meyi en el orden jerarquico de Ifa.

El que viene desnudo no se va vestido. El Alma ocupa al cuerpo y lo abandona cuando cumple su Mision. No se hace sacrificio en Ojuani que no lleve canasta. Elegua vive en una canasta para propiciar que se quede en casa la bendicion del Santo. La Canasta se lleva a ile Ibu y se lava junto al Ota de Elegua para que Esfuerzo limpie y no sea baldio.

En Ojuani el humanismo se define Aleyo y impone su interpretacion de Odu al servicio de La Divinidad.

Adifafun agangara adelepeko ko omo Olodumare. El ebo tiene Ache por Gracia de Odumare.

Odua, Chango -quien posee el secreto de Ogodo- y Obatala tienen su confianza en **Ologbo** -dueño y señor de la tierra de Odua a quien **Aroni** preparo el secreto de **Kobelefo** para hacerlo invencible. FORIBALE A ODUA, OSAIN, CHANGO Y ELEGUA ADUBELE que le consagraron la Cazuela con Inche y 21 Dilogunes y la enterraron a la sombra del palo de mamey; Foribale a Oya que tapo el secreto con 21 hojas de Caimito. Cumplido el periodo de siembra Ologbo ofrendo a su secreto ayakua meta y vino Aroni y lo consagro con malaguidi okan de Igui Ramon para que la ingratitud trabajara mas fuerte que Ologbo y nadie lo venciera.

Eyila 12 nace de Ogunda 3 quien nace de Metanla 13 y ocupa la posicion 12va de Baba Otrupon Meyi en el orden jerarquico de Ifa.

Oloro toroche adifafun egun. Orekuami Obatakuami

Hablan Ijakuta, Agayu, Ode, Elegua, Ogun, Ochosi, Ozun, Chango, Oke, Osain, Oya, Aina, Yewa, Ochun, Obba e Iroko. Chilekun

Rey por suerte y herencia. **Boru Okumambo boru Okumambo Agbo Okumambo.**

Guerra e insomnio para el Soldado. El poder de Su Majestad La Muerte. **El Gobierno de Iku sobre ricos y pobres; la invencibilidad de La Muerte no discrimina.** Por hacer favores Chivo perdio su Cabeza. Hay que tener Cabeza para coronarse. Candela no es Corona de nadie. El Viento asuza a Candela. Las canas ganan el respeto. Quien canta su mal espanta. Trueno es el unico que habla por Cielo. Lo que sucede conviene: mal de hoy mañana viene bien.

Metanla 13 Baba Irete Meyi

Baba Ejiemere Oko lae adifafun Poroye.
Metanla es *Chokuono* que nace de la fusion de Oche y Ofun. El que predomina es **Oche** que esta delante.
Hablan Babalu Aiye, Obatala Obamoro, Ochun Ololodi, Oya, Ochanla.

Enemigo de si mismo. El hombre es lobo del hombre. Renegar no cambiara el Destino. La energia curativa de su Lengua esta en las patas del perro. La Lengua humana mata. El eco devuelve la Palabra. La Salud viene del Cielo. Generosidad encuentra a Suerte.

Cuando Olofi esta consagrando Corona para un Olori la fundamenta en una Leri a la que otorga la bendicion del **ire** y hace una replica **ofo** de modo que su Alagbatori elija con el Ache adquirido en Aiye su posicion en El Reino.

Oche Tonti Ofun anuncia que la aguja lleva el hilo y vaticina especiales cuidados para quien debe suceder en el Trono a su ancestro. **Iya Ade** viene señalada en Ita como la salvacion del Padrino.

Los Awoses le cantaban a **Egi,** la divinidad cuya función es la de llevar al cielo los cráneos de la víctimas de los sacrificios para consagrar un pacto en Metanla que decretara el fin de los sacrificios humanos a Echu:

Egi mogbori eku. Ori eku lomagba Mogbo Ori Enio. Egi mogbo Ori Ega. Orie ja lomangba Mogbo Ori Eron Egi mogbo Ori Eron. Ori eron lomangba.

Los Awoses tocaron las Leri con los cráneos de los animales que Egi se llevo en su partida al Cielo. Ejiemere con su Ache decreto: *A partir de hoy no se ofrecieran mas seres humanos en sacrificios a Ifa.*

Merinla 14 nace de Eyioko Obara 2-6 quien nace de Odi 7 y ocupa la posicion 11va de Baba Ika Meyi en el orden jerarquico de Ifa.

*Lo profano y lo Divino. El mal avisa. La Muerte continua la vida. La guerra no baja del Cielo. Obini hace al Okuni. En la sangre viene lo bueno y lo malo. Una sola cabeza no gobierna tierras separadas -Igba Iwa Ache unifica las Tierras-. Tanto va Cantaro a La Fuente hasta que se rompe. Los hijos son jueces de sus padres. Se lavo Cabeza a Tiñosa. Perdiendo se gana. Quien se casa, casa quiere. Atando cabo se hace soga -**aventere**-.*

Ika ikani ebo, adifafun elebute.

En Merinla Tonti Eyeunle se produce la venganza de **Oluopopo.**

Rezo: Ikabemi Awo Ogbechiyi omo ni Chango omo ni ifa alugue awo chonile beiyeku iki niwe mowanile inle eleguara echu odara awo toniyi awo eleguara mokue obi unyen ounko tinwe oluo popo ota ni eleguara meta ni laye echu awo boyey iku ochun oñi echu malowalode Ikabemi awatogba yeye mayalolo abawatumo Ikabemi fitila ewe si owosi oluo popo ogbalu aye.

Ebo: ounko, akuko, adie meyi, ewe oporoporo (apasote), oñi, eku, eya, awado, ota ochun, bogbo tenunyen, bogbo ere, bogbo ileke oluo popo.

Pataki. En la tierra de Kowanile vivia Awo Ogbechiyi Ikabemi, omo ni Chango quien disfrutaba de gran prosperidad pues sus tierras eran muy ricas y reinaba la tranquilidad, la salud y el desenvolvimiento economico y todos sus negocios prosperaban, y en general la poblacion vivia bien.

Un dia llego a esa tierra un peregrino **adete y alaquisa** (leproso vestido con ropa de saco), era Oluopopo que tocaba un agogo de madera y cantaba: *Baba odire agolona e ago e mowanile* y la gente al verlo se asustaba y le huia; el llego a la puerta de Awo Ogbechiyi y toco; el awo al oirlo cantar se asusto y no se levanto de la cama, tapandose la cabeza con la **Achola** y como el visitante seguia tocando a la puerta con insistencia, Awo Ogbechiyi mando a Elegua a ver que deseaba el que con tanta insistencia tocaba la puerta de su casa; Oluopopo al ver a Elegua comprendio que Awo Ikabemi lo habia despreciado y ofendido y enojado comenzo a cantar: **echichi abe iku awo kigbaru iku arun kosi kode kiyo mowanile,** y llegaron Iku y Arun y los animales y la gente de aquella tierra comenzo a enfermar y morir. Los negocios comenzaron a decaer y debido a la gran mortandad la gente empezo a emigrar y todo devino de mal en peor ante lo que Elegua le sugirio a Awo Ogbechiyi consultar al Santo para saber que estaba pasando en esa tierra.

Awo Ogbechiyi consulto al Santo y vino Merinla Tonti Eyeunle, Ikabemi, diciendole que Oluopopo se habia sentido menospreciado por el y ofendido habia ocasionado las perdidas y que lograr su perdon dependia de la consideracion y respeto que se le ofrendara y que ese perdon solo podria obtenerlo con la ayuda de Elegua y Ochun y le dio el ebo: *coge este* **ewe oporoporo***, (Pasote o Apasote), lo machacas bien y le saca la mayor cantidad de zumo, le echas oñi , eku, eya, awado y le pones* **fitila** *(lampara) para llamar a Ochun y que ella te ayude.*

Awo Ogbechiyi comenzo a cantar: **awale wale oshun lomicholo a wale ayagba nichoro ero ni mowanile ika bemi**. Preparo la fitila y la encendio junto a Elegua implorando a Ochun con una campanita mientras le cantaba: **iya mi ni agogo momo oshun iya dide dide kowayo lede coyu dide.** Cuando Ochun oyo el llamado y percibio el olor de la **fitila** entro en la casa de Awo Ogbochiyi, ellos le dieron moforibale explicandole para que la llamaban a lo que ella prometio ayudarlos.

Ochun salio a la puerta de la casa y vio a Oluopopo que escondido detras de la mata de **Baiyeku** observaba como se destruia aquella tierra y se dirigio a la mata cantando: **mowanile ea**

afiguerema oshun adeo ilu odoyeo obalu aye afiguerema iya yeo mowanile olu ogdo yeo ogbalu aye. Cuando Oluopopo escucho el llamado de Ochun salio a su encuentro y ella se le acerco cantando y le paso la mano por la cabeza con epo y oñi y Oluopopo se tranquilizo; ella le dio una ota que brillaba mucho y le dijo: *este es el secreto que te falta para que vivas tranquilo en una tierra sin caminar tanto, pero tienes que salvar esta tierra.* Oluo popo se quito un eleke y se lo dio a Ochun diciendole: *con esto se salvan en esta tierra, pero tienen que respetarme y recordarme siempre* y se retiro en busca de su tierra a asentar su secreto.

Ochun se presento a Awo Ogbechiyi y le puso el ileke con cuentas de todos los caminos y le dijo: **ahora dale el ounko y los tres jio jio a Elegua, el ara del ounko lo repartes en los cuatro puntos cardinales del monte; a los jio jio le echas eko, eran malu, eku, eya, awado, bogbo ere, oti, oñi, epo y siete centavos a cada uno y los pones en erita merin de tu ile.**

En el instante que Elegua se comia el ounko llego Chango con Orunmila y le dijo: *hijo mio coje la leri del ounko y salcochala; sacale toda la carne y sazonala y echale ewe oporoporo y efirin, la pones en la puerta y le das una etu keke y se la mandas a Oluopopo a niwe. Despues coge la leri del ounko y la cargas con ero, obi y kola, obi motiwao, aira, un ota de Ochun, 5 mates, 5 guacalote, un aye, un ojo de buey, un ileke de oluo popo, ewe oporoporo, ewe efirin, amati kekere, ewe eran, iki carbonero, leri de ekute, eku, eya, akuko, eyele, ayapa, etu, atitan echilekun, ota de iman, 7 ikines de ifa, 7 atare, bogbo echichi, awado, le das jio jio meta, lo sellas y lo forras con ileke dun dun y fun fun para que viva con elegba y de vez en cuando le das de comer un akuko viejo para que vivas muchos años en esta tierra y tus hijos tambien.* Cuando le dio el akuko viejo le canto: "**awo chonileo (2 veces) eleguara echu odara eri ola ota ni iku ota ni arun eleguara eri ota yeigbe.**

Awo Ogbechiyi le pidio la bendicion a Chango y a Orumila y estos le dijeron: *nunca te separes de Elegua ni de Ochun y usa siempre el eleke de Oluopopo, pues siempre seras bendecido de honrarlo.* Ochun le dijo: cada vez que me necesites llamame con el secreto de **fitila** detras de la puerta que yo siempre vendre a ayudarte y lo bendijo y de nuevo volvio a reinar la tranquilidad y la salud en aquella tierra donde siempre se respeto a Oluopopo gracias a Elegua, a Ochun, a Chango y a Orunmila.

Marunla 15 nace de Ejiogbe Osa 8-9 quien nace de Merindilogun 16 y ocupa la posicion 3ra de Baba Iwori Meyi en el orden jerarquico de Ifa.

El mundo es tierra extraña, el Cielo es nuestra casa. Un solo palo no hace Monte. Quien mal piensa, mal vive. El que mucho sabe poco ve. Aunque la sangre sea buena y no genere males no impide la traicion. El hierro porfio con La Candela. Todo lo que brilla no es oro. La virtud de la humildad.

Yiwi yiwi mayo mayo adifafun koko loyebeifa.

Chango y Osain bajan a tierra Oyupan y hicieron Oparaldo con adie a iku Egun Araye Olona. SARAYEYE KOYOLE ADIE OPARALDO.

AKAKA RAKA MONI TIIKA OJUERE REE OWARA WINI OJU EGUN ODOJO META IBA AFO DEMI MU AKPOKO OJURE RE EKERUBO. Echu revelo a Iwori los nombres secretos de los Señores del Cielo que vinieron a probarlo cuando competia por la ancestralidad con **Eyeunle** y **Oyeku** y su bienestar en Aiye.

Hablan Ile Oguere, Iroko, Ogun, Ochosi, Obatala

Iwori Meyi es una cabeza que habita el interior de La Tierra asistida por el espiritu de **Ala Ola**. Llegaron al mundo los carnivoros. Desde entonces Olofi maldijo La Tierra y se alejo.

Merindilogun 16 nace de Ejiogbe 8 quien nace de Marunla 15 y ocupa la 16va posicion correpondiente a Baba Otura Meyi.

Quien de sueños vive despertara en La Realidad. Solo Dios permite que La Muerte actue. Ninguna guerra genera felicidad. El exceso de dulce produce amargura. La promiscuidad no es virtud. El mejor remedio es una buena cabeza. *Abiku el espiritu viajero.* No se tiran perlas a los cerdos. El Sol no puede con La Sombrilla.

Achekun difa Imale, adifafun Imale.

CHANGO OBA ORUN OLODUMAREWA EGGUN MAFUN OLOFIN KAWO KARIESTIN, OMO NIYEKUN KIEKO OLOFIN, OKAN Y OKE AKA KAMASI 1-ORONIFA, 2 -OMOIFA, 3 -YOYEKUN BA OSA OLOFIN NI ENI IBA OLA LERI OKOKONIBELE OLOFIN ABO ODUPE ARONI CHANGO. Aventere.

Kaoro, el espiritu de las 19 Lluvias pacta con Orichaoko para vencer a **Kukute vasallo de Iku** que se oponia al fecundador progreso de su simiente cuando vivia en Oke.

Nace el humanismo. Olofi le entrega al hombre el latigo de manati como emblema de su cargo en La Tierra y el hombre aprovechandose del poder que Olofi le le confirio se apropio de la cabeza del Cangrejo.

Emerge el Saber y la inteligencia en el servicio a Olodumare. EL HOMBRE DOMINO A LOS DEMAS ANIMALES Y ESTOS TUVIERON QUE ACEPTARLO COMO EL REY DE LA CREACION.

Ijakuta. ELEGUA, ODUA, OSAIN, ASAO, OKO, OKOTO, KORIKOTO, OBATALA AYALUA, CHANGO, LOS IBEYIS, OYA Y OGUN.

Chango puso el paraban: hasta aqui subieron y bajaron a su antojo las almas de Orun. Se divide la raiz en tronco y ramas para saludar a Olorun y propiciar la bendicion de Ocha.

La verdad aunque debil y lenta siempre vence a falsedad.

Las 4 raices plantadas por Ochagriñan en Onile : **ATIWA OLUO:** Occidente, Ota funfun, colores rojo, negro y blanco, Iwori Meyi **ATIWA ORUN:** Oriente, Odu Ara, color rojo, territorio de Odi Meyi. **ARIWA ORUN:** Norte, Ota de Odo, el color negro y Oyekun Meyi **OSIYANI:** Sur, Ota del mar, territorio del color blanco, Ejiogbe.

Yeku Yeku 17 es la accion de Egun a traves de Okun, Yewa, Yemaya y Obatala; Obi Idajun, la memoria de Apere Ocha registrado en Obi o Chamalongo y Caracol como metodo de comunicacion con Egun y Orun y Ocha.
En Yeku Yeku el Caracol no habla con Ocha sino con Egun y Nkisi.

Son 18 Odus en Ocha con Opira y Yeku Yeku y 16 en Ifa, sin nombrar que Elegua habla en 21 cuando nace. Son 17 los Apere hasta Olofi.

Ochas: Achikuelu nace de Orun y Ile Oguere. Afokoyeri nace de Orun y Aye. Ochanla, Osain, Oko, Okun y Echu son Imale Ocha que no van a la cabeza de nadie.

Jerarquias Oricha del Panteon de Obatala Todos los Santos.

Odua, Odudua, Oduduwa, ancestro comun, marca el inicio del legado de conocimiento que fluye a Ocha en Oche, la aguja que conduce al hilo. El punto de partida de la accion de Ocha en la ascencion de Egun es el descendimiento de Odua – *iku lobi Ocha* -.

La ancestralidad de las tradiciones de culto a Odua como deidad representante de los poderes de La Vida y La Muerte solo puede tener fundamento en el culto integral a **Oricha Egun.**

Nkisi Ndoki de La Orden Kimbisa desde el esplendor de los 9 Reinos del Manikongo y durante el proceso de colonizacion y sincretismo del Nuevo Mundo ha preservado el culto a Oricha Egun para propiciar la divinizacion y emancipar a Los Aleyos.

Opa y La Dinastía Real.

Odudua, la Deidad de la Vida y de La Muerte, desciende a La Tierra en **Opa**, la puerta que conduce a los 9 Reinos donde se unifican Orun y Ocha y se crea el flujo de la materia en transito por *Ile Oguere*, el Reino de Olodumare -- 9 dimensiones en la que se unen Egun y Orichas-- e instauran en **Oyo** la dinastía imperial de reyes Olorichas cuyos hijos e hijas gobiernan en el Mundo de los Aleyos.

La base epistemologica **Batu y Ewe** --cuya influencia es legado de las culturas Sutumutukuni y Lukumi que amalgaman el conocimiento deOcha como Ciencia ancestral unifica el mundo de los vivos y los muertos deificandolos—interviene en el ascesis del pensamiento al culto a **Oricha Egun** como requisito del mismo modo que es requisito la intervencion de Osain para que se produzca la manifestacion de Ocha en Ara.

Los linajes que descienden de Odudua -los Reyes de Olowu, Owu en Abeokuta, Alaketu, Ketu en Benin, ila Orangun en Oke, Onisabe en Sabe, Olupopo-- nutren el fundamento cultural de **La Nacion Lukumi** hasta que su nieto, **Orunmiyan**, el más aventurero de los miembros de la casa de Oduduwa, retomando el título de **Alafin**, tuvo éxito en el levantamiento de un ejército muy fuerte que lo llevo a desmembrar los restos del Imperio fundar **Ile Ife** y la cultura que dio fundamento a la Nacion que los colonialistas ingleses denominaron Yoruba.

Moremi fue una princesa de la dinastía de Orunmiyan a quien se atribuye gran participacion en la sedicion de Ife que no aceptaba la gobernanza de Ocha y la dispersión de reyes y las reinas de Las Cortes acefalas se constituyo en La Diaspora por la que transitamos.

El fundamento **Kimbisa** se inserto en el proyecto del Nuevo Mundo y se instalo en America donde lega a las tradiciones Batu Ewe la preservacion de La Ciencia detras del manto religioso con que fue cubierta. Kimbisa en America se preservo *judia*. El legado Kimbisa en Cuba *planta bandera* cuando El Isue Andres Facundo de los Dolores Petit, Isue de La Potencia Bakoko preservo el espiritu Kimbisa en La Orden del Santo Kristo del Buen Viaje que abrio las puertas a que la cultura africana sincretizara la cultura occidental y pueda hoy ser traducida su Ciencia al cristiano.

Kimbisa puede ser considerado el fundamento eslabon en la africania que unifica la cultura del Imperio de Oyo y la preserva continuando el legado Batu Ewe en las Reglas Sutumutukuni y Ocha Lukumi que devienen Santeria sincretizando el pensamiento de Occidente para integrarse al mundo deLos Aleyos.

En Kimbisa como exponente del **Egbe Odudua** y el culto a **Oricha Egun Nkisi y Opa son de fundamento tanto de Egun como de Ocha** y los Olorichas son Divinidades descendientes de Odua en proceso de divinizacion.

Kimbisa como fuente de conocimiento Ewe Oricha ofrece evidencia de la presencia de Nkisi en Ocha desde aquel momento en quefue montada Nganga Ntoto y Osain cobijo a Chango otorgandole el conocimiento de sus secretos cuando Olokun se habia apoderado de La Tierra y luego Chango consagra el Agboran del Nkisi Ara de Osain una vez que Olokun se retira y puede bajar a La Tierra y manifestarse Odu.

Hoy Odumare esta construyendo El Reino.

Eyeunle: Si los cimientos no son solidos en vano se afanaran los albañiles.

La jerarquia de Odu Oricha sobre **Onile** solo manifiesta Ache de Olodumare en **Dilogun** como instrumento de expresion de Los Orichas. Las ceremonias realizadas por los sacerdotes de **Echu** en Ifa son preparatorias a la manifestacion Oricha mediante ebo que se realiza extrayendo Odu de Orun a traves de Orula, descendiente de Obatala a quien le debe Jerarquia en Orun y en Aye y por lo tanto Rey de Los Vivos y los Muertos en cuanto descendiente directo de Odua que fundamenta a los muertos en

Orun y a los Orichas comandados por Obatala como descendiente Alara jefe de los ejercitos de Olorun que caminan La Tierra. **Iku lobi Ocha**: Oricha Egun tiene como fundamento a los ancestros y su elevacion a Odu en las tradiciones de Ocha e Ifa; Odu en Ifa habla por Orun y en Ocha habla por Ocha y su acción en Aye; en Kimbisa La Prenda es instrumento de Egun y el Dilogun hablando en Iku onire La Prenda.

Kuenda:
Iku lobi Ocha quiere decir que un Egun consagrado Nkisi alcanza mas elevacion y Luz de Ocha que un Egun sin herramientas para aumentar su frecuencia energetica. Siempre hay salvedades en La Regla. Cuando el Oricha en Estera dice que el problema es de **Iku** y no se ha cumplido con La Prenda para elevar la vibracion del Olocha el Oba que no tiene consagracion en La Prenda buscara recursos que alejen y enajenen al iniciado de su naturaleza Iku y sin ese poder un iniciado carece de fundamento para siquiera consultar Obi -que se compone de 5 personajes fundamentales del culto a Obinu: Iku, Eyo, Ofo y Aiku babawa mas Orun, El Testigo-- a los cuales el sacerdote debe estar consagrado si pretende propiciar ire. Un muerto se conserva y se pone a trabajar en tradicion Lukumi. El Oba que quiera coronar Reyes debe tener ceremonia en Prenda si quiere alcanzar Igba Ache y la corona de su Odu para Decretarlo en Estera y que pueda propiciar la plenitud de Ocha por su facultad de propiciar Nkisis que seran Reyes en Aye.

Ori Apere
es el estado perfecto que indica **Ita** como revelacion de la encarnacion de un **Odu Oricha** : vibracion y *ona solar* sostenida en **Ara**, el cuerpo, alineado a **Okan**, la intuicion que emerge del corazon, **Emi** el aliento de Olodumare, a **Ori** la Mente, Olofi propiciando la comunion de Orun y Odumare en transito por Ile Oguere como **Egun**, los ancestros **Ori Iya** maternos y **Ori Baba** paternos, **que evolucionando alcanza la frecuencia donde Ori Isese** la memoria ancestral que viene en **Oche**, *la aguja que carga el hilo* concientiza y adquiere la identidad del Oricha y su **Egbe** o comunidad espiritual.

Millones de Olorichas esparcidos por el mundo en esta diaspora globalizada siguen siendo divinidades y herederas de La Ciencia legada por la Cultura Lukumi que ha permanecido oculta a todos detras de la religion. La inclusion de Ocha Lukumi entre las religiones impide que sea concebida Ciencia, todavia, y que sea el esclavismo doctrinal instituido el muro de contencion para reconocer la Ciencia Lukumi como recurso para devolver al Ser humano su divinidad.

Los archivos del olvido.
Conjurando palabras para extraerles significados olvidados pretendo prologar el testimonio de lo que vieron mis padres cuando fueron sorprendidos por el acto inesperado de La Creacion.

La realidad no fue construida en un dia...se suda y se recicla agua todavia.

Olofi para Santeros.

Desde el tercer Imperio de Oyo regido por Dada y Bañañi El Rey de Ocha Lukumi es Chango, Rey en Orun y Aye como Oricha Egun. Su autoridad es la que le confiere su descendencia de Olofi y Olodumare y su jerarquia en Ara se la otorga **Odu Ita.**

Odu Ogunda Ika en **Ifakan** señala el advenimiento de un **Omo Alara** primogenito de Olofi que debe consagrar Igba Iwa para transferir a Ara el Ache ancestral de Olofi y Olodumare. En el caso de Odu

Ogunda Ika en un Oni Oni Chango,
La Regla admite Su reinado en Orun que requiere el sacramento de Igba Iwa Ache en la ceremonia del Afudache en Iretekutan para confirmar con Odu la jerarquia de su Corona.

Tratado de la Inmortalidad
Ochanla goza de la vida eterna porque Olodumare le asigno la Mision de conquistar a Iku y a sus pies viven los **Osorbos** y la negatividad *-la enfermedad, las perdidas, los errores y la muerte que afectan a Olo y a Ori como descendiente de Obatala-* en Aye.

Ochanla es la Deidad que otorga vida eterna.

El Tratado de la inmortalidad del Obakinioba Obatesi en Ogbe Obara lo escribe Ogbe Ka encargado de Las Sagradas Escrituras por orden de Ochanla que lo puso todo junto y lo trajo a Aye en su hija Micaela Ojuani Ogunda y y le dio continuidad en IyaOlorun, hija de Olokun con Corona en Eyeunle Tonti Eyeunle de donde nacio Oyekun Meyi quien en Aye es Ogunda Obara. El Reino de Ocha tiene Reyes que rigen en la cabeza y los pies de todos los Olorichas ahora mismo.

Iya Ade hija de Odua en Babayeku consagrada Olo Olo Kariocha Obatala y la reconocio Obamoro, el Obatala de las Misiones, Santo del constante renacimiento de Oricha Aye con Ogunda Meyi en los pies y La Corona de Obara quien tiene sobre su Leri la Mision que Olodumare asigna a Ochanla de asentar el Reino en Ile; la mision de Iyare es parirla Oricha, la mision de Obakinioba divinizarla y consagrarla Oricha Egun fundamentandole Igba Ache Oricha. La Bendicion de Olofi nos faculta para encontrar vida eterna.

Ololodi es Ocha y Oricha. Es Ololodi quien abre la comunicacion entre Orunmila y Ocha. Ochun Ololodí u **Olodí** de acuerdo a tratados lukumi –en los que se retrata el camino antropomorfizado del Oricha-- significa "revolucionaria". Le gusta luchar con hierros y machetes. Es el camino de la guerrera. Para llamarla se usa un cencerro y un machete. Su corona está adornada con corales. Lleva un cuerno de venado cubierto con cuentas de Orunla. Se le pone tambien un caballo de bronce o porcelana. Vive encima del tablero de Ifa con arena de mar o arena de rio cernida. Se le pone pañuelos de seda y Ochinchin de lechuga y escoba amarga. Su simbolo es la lechuza. Su sopera debe ser de color verde y rosa. Su collar lleva nácar, verde-agua, coral y 5 cuentas de marfil.

A Ochun Ololodi no le gusta el color amarillo. Lleva tambien 5 caracoles grandes de Aye, ademas de un yunque que va en frente de ella hecho de cedro. Para resolver el problema de sus hijos come lechuza. Es la dueña de los diques de los rios. Ochun Ololodi ya esposa de Orunmila fue madre de **Poroye** y **Oloche**

Lleva dos manos de caracoles y 5 otases más. Come chivo y venado. Come sola o al lado de su esposo Orunla.

De la corona de Ochun Ololodí cuelga una casa, un hacha de dos filos, una flecha de Ochosi, dos remos pequeños y dos grandes, 25 anillos, dos tableros de Ifa, dos hachas simples, un machete y 5 plumas de loro. La corona debe ser del tamaño de la cabeza de la persona con este camino. Lleva un cesto de costura con 5 agujas de coser, un dedal, ovillo, tijeras. se le pone los tarros de Ochosi o si se puede una cabeza de venado. Lleva una mano hueca hecha de latón, se llena con 4 ache, marfil, ambar y coral.

Ochun Ololodí es la guerrera, por lo que no se le puede tomar a la ligera, defiende a sus hijos y a aquellos que le caen en gracia. Nunca puede ser destruida por sus enemigos. Se le pone cuatro clavos de tren al lado para calmar sus ansiedades de ir a la guerra. Es muy peligrosa con sus hijos cuando es ofendida. Nadie puede levantarla del piso hasta que ella anuncia estar lista para ser levantada. No baila. Lleva un Ozain.

LA APETEBI DE ORUNMILA.

Segun cuenta Pataki un día Elegua le dijo a Ochun Ololodi que hiciera ebo para que se quitara el araye que tenía arriba y los ojos de la gente, ya que todo el mundo la deseaba porque era muy linda.

Olofi por su deferencia con los mas pequeña de sus hijos habia indagado a Orunmila que vivia fuera del Palacio porqué él no solicitaba a Ochún como Apeterbi siendo ésta tan bonita y buena y le recomendo ebo para facilitar acceso al Reino de Ocha. Poco despues Orunmila hizo ebo con eku, eya, awado. El ebo consistia en limpiarse y llevarlo a la manigua. Cuando llegó a la manigua, él vio un campo de bledo muy tupido y él se dijo: "Es bueno para mi casa".Y cuando fue a dar un paso para recoger bledo cayó en un pozo ciego que había en el campo.

Ese día Ochún había hecho ebo y lo había llevado para el mismo lugar y también fue a recoger bledo cuando vio a Orunmila que se había caído en el pozo y se dijo: "Pero si es Orunmila." Se quitó inmediatamente la ropa y con ella hizo una soga y sacó a Orunmila del pozo realizando grandes esfuerzos. Cuando lo sacó, éste, al verla desnuda se sintio avergonzado y respetuosamente se quitó parte de su ropa y la tapó llevandola cargada para el pueblo donde la gente empezó a decir: "Mira a Orunmila cargando a Ochun." Luego de este evento Orunmila le preguntó a Olofin que si esa obiní era la que le convenía y éste le dijo que sí y Orunmila hizo lo que Olofin le dijo. Aqui nace que Ide se marque con Ochun: verde y Amarillo o naranja. Marca para el sacerdocio de Orunmila la necesidad de la Apeterbi para ejecutar adivinacion por ifa y gozar del Ache de Ocha en el camino de Odu en Ara.

Antiguos Pataki del tiempo en el que aun Obatala Acho no habia introducido el uso y comercio de las telas cuentan que fue con su largo pelo que Ochun saco a Orunmila del hueco.

EL CAMINO DE OCHUN OLOLODI, LA ADIVINA.

En este camino Ochun Ololodi adivinaba a la gente por medio del Dilogun, pero a su vez a ella le gustaba mirarse e investigar bien su vida y fue de un lugar a otro indagando hasta que llegó donde Orunmila. Cuando éste la miró le dijo que ella ya sabía todo lo que él le iba a decir, puesto que ella era intérprete del Dilogún y tenía el poder de adivinar con las barajas y el espiritismo.

Ochun se fue después que Orunmila le explicó bien las cosas. Ella le dijo que estaba conforme e hizo lo que le mandaron. Después de lo cual le vino la prosperidad al continuar adivinando con las cartas.

La adivinacion y el Ache de Ocha que le confiere Olofi a Ololodi como la mas pequeña de sus hijos la jerarquiza Apeterbi, la comunicadora entre Orunmila y los Orichas con Ocha es potestativa de Ochun; una hija de Ochun, una Reina de su linaje, se postra de rodillas ante un Olu Aña para que este se lave las manos cuando va a Fumi Aña Oricha.

fundamentando al pelo

Tu animal dejara huellas de su paso en Aye. Cada dia perderas pelo. Tu riqueza esta en tu pelo porque emana de ti que traes tu Bendicion contigo desde el mas alla de las vaginas. Saludo a todos los que andan en tu pelo que eres tu y se deshace de ti dejando huellas que algun dia, si no andas muy lejos y honras las canas hablaran del paso de tus huesos por La Tierra y continuaran el viaje juntos.

El pelo es conductor de energia y conecta al animal con el kosmico.

Cuando Obatala reclama respeto a las canas en Obara Tonti Eyeunle esta Decretando que Ogun no toque su cuerpo. No cortarse el cabello, no afeitarse y ser instrumento de Alafi, el blanco. Obatala es el calcio prevaleciente y el pelo proteina codificada por el ADN como sistema de identificacion energetica, -posicionamiento kosmico-- y contacto del cuerpo con la consciencia bioenergetica que tiene su procesador en La Pineal. Esa proteína codificada estimulada en su ciclo celular por espermatogénesis su división meiótica permiten al pelo y al hueso preservar la vida y continuar viviendo.

El Levantamiento dejara a muchos Espiritus con Conocimiento la opcion de activar sus cuerpos de sus pelos y sus huesos y seguir manifestandose en los universos paralelos de palos,aguas,vientos, tierras, astros, constelaciones y calderos.

Si introduces tu mente por la punta de un pelo debes dividirla para avanzando en doble espiral llegar a Cabeza.

Escapando del Diablo

Me le escape al Diablo y me di cuenta en libertad de que estaba adicto a el. Quede libre de la persecusion tecnologica con la que me tiene atado a un cepo la informacion del mundo y aun no habia disfrutado la brisa senti que venia lluvia y sali cual corderito a la tienda Sprint para que rapidito me repararan el BlackBerry y mientras esperaba me intente comunicar con internet a traves del wi-fi spot de la tienda y fui a pedirle al manager el codigo de acceso para entrar al mundo y me lo nego porque ese spot que se anuncia receptor excelente es un servicio privado de la tienda y no esta previsto para que sus clientes se expongan al mundo y a posibles demandas. Fue suficiente eso para que el espiritu de Ogun entrara an accion junto a Baba y Ochun que inmediatamente se pusieron al servicio de las relaciones publicas y la solidaria ganancia capitalista que para atraer y satisfacer clientes resultaria del acceso publico del wifi spot. Esperando el grillete electronico que me devolveria al mundo me sumergi en el relato de lo que acontece en la dimension del dolar.

Como cada dia trae su propio afan decidido a esperar una hora u hora y media los resultados de la investigacion del tecnico me puse a escribir pensando que la narrativa de hechos incluye el diletar con los espiritus que abundan y llegan a materializarse como leit motiv de esta novelacion que incluye expresiones de esas presencias de La Corte del Imperio de Orichas de Oyo que consagra Reyes con Soberania y los envian a expresarse por ellos en La Tierra hasta que Obatala se hizo presente en el sillon de al lado con los Ide de Ochosi e Ifa en el ambiente de una tienda para el servicio al cliente que esta habituado a hablar y que sin telefono tambien espera terapia. Resulto que Luis Osalofogbeyo vino a traerme algun mensaje de Obamoro que entiendo por experiencias anteriores que El me ha propiciado que se trata de una nueva experiencia donde tocar mas vidas.

Las paredes tienen oidos dice El Santo y los Hermanos Mayores hacen acto de presencia en mi HiFi con un link que se atraviesa en mi camino hacia la libertad de comunicacion y que esta identificado sin verguenza alguna dlink. Volviendo a leer este aviso del Santo varios dias despues de estar desconectado de los usuales medios de comunicacion de Ogbebara en Ara por las implicaciones del cambio de tecnologia giditada entiendo que todos estamos conectados a hechos que viven en la memoria infinita y que la materia debe recibir tambien su ebo y le di de comer osadie okan a Echubi con Echu Odara y akuko okan a Ogun para que el mecanismo de Sansung asociado a ojos y oidos para los que no hay paredes y el resto del mundo estuvieran odara conmigo.

El desastre de la paz que reconstruye historias segun ideologias es como paja que no deja ver el grano en el ajedrez que juegan los poderes con las mentes desconectadas del servicio a su divinidad por el afan de ocupar posicion humana en un paradigma civilizatorio que la usura obliga a desdeñar.

La oportunidad del Rayo.

Resulta que Elegua ve al Olo Chango perturbado por dificultades y problemas, jodido, y me llama para ponernos en contacto y Olo vino con Yemaya a mirarse. El confiesa que venia por el palero porque aunque lleva 18 años con Chango ya estaba defraudado y en la ruina por La Mano Caliente y la carencia de ache de unos mayores que no podian darle lo que no tenian y que no esperaba mirarse con El Santo sino con la Prenda aunque siguio adelante ofrendando el derecho para que fuera moyubado y cumplimentar con Chango que lo trajo a salvar su cabeza poniendola en el piso frente a Igba Iwa Oricha aunque el ya no lo creia.

Chango manifestado OrichaEgun en su Obakini estuvo frente a su Olo sentado en estera consultando al Dilogun de **Aiyede**, el Elegua que une al cielo con la tierra y a mi derecha **Ofe** en orden Ode y Nsasi que vive con Ogun y Ochosi seguidos de Osun y Echu Odara con Echubi y los guerreros de Micaela y de la Oni Yemaya que lo trajo de la mano y refresco el camino para que su Omo ebodara. Aiyede despues de hacer notar que su hijo necesitaba la consulta mas que el, marco Opa para unificar OrichaEgun lo cual hicimos y ebodo odara. Como tres semanas despues volvieron ambos a tratar con Aiyede para que el que habia visto la situacion pudiera resolver con el hijo y en el osode marco par de obras que mientras estabamos realizandolas aprovecho el Rayo para decir aqui estoy yo acompañado de efectos especiales. Ahora veras a 7 Rayos en la palma viene suelto el toro con una cinta colora y 32 hacheros pa un palo.

Buey con buey toitos son manito en tierra congo.

Haciendo la historia corta resulta que cuando Olo Chango recibio Odu Abofaka en el inicio de su calvario vino Irete Meyi y no le hicieron la bajada a Egun para llevarlo al Santo, lo lavaron y al carecer de Odu leri porque su santo es lavado prevalece el Odu de Abofakan en su astral sin que los Egun de Irete Meyi le favorecieran en Ara. Irete Meyi no tiene que rayarse porque es Iku y su consagracion es la de Oricha Egun.

Sin **Opa** unificando Potencia para Egun no se honra el principio *'iku lobi ocha"* que determina el aceso a la Luz Oricha a traves de Egun. Si sometemos a estudio la posibilidad de haber realizado ceremonias de Ocha a Iku sin que se haya propiciado a Egun en Irete Meyi y que los resultados fueran desastrozos para Chango en Irete Meyi segun la experiencia del ahijado Oni debemos en primer lugar considerar la prioridad que tenian los babalaos de pasarlo a Ifa lavandole Santo sin que tuviera la opcion de consagrar a Chango en Irete Meyi. Cual puede haber sido el motivo de lo padecido por el Olo si no una gran ofensa de propiciar retirar a Chango y pretender humanizar lo divino eliminando su relacion con Egun y degradar su naturaleza para imponer a Orula y convertir a Chango, El Rey, en Babalao.

El caso de ejemplo no es aislado sino practica del colonialismo ifeista para defenestrar coronas.

El condicionamiento humanista protestante de Ife actuando como instrumento de colonizacion de la divinizacion Oricha lukumi catolica. Humanismo hispano vs humanismo ingles como adversarios en una guerra epistemologica en la que los valores del humanismo despojan y enajenan al Oloricha de su naturaleza sagrada. Cual otro motivo puede justificar la aplicacion de la Sabiduria de Ocha en las manos de sacerdotes que promueven el sacrilegio de reversar la condicion divina?

Odu es la Divinidad. Odu habla en Ifa y en Ocha. Lo que Olo necesita es un Odu para alcanzar Ori y este Odu que guiara al neofito a consagrarse Oricha nace de Dilogun en el nacimiento de Elegua y

Olokun durante la consagracion del Ayagun que al contar con esos dos Odus de Lavatorio tiene Medio Asiento y jerarquia en Ocha o nace en La Mano de Orula que aporta un ifa completo pero no le consagra a Elegua sino a Echu --debera recibir a Echu despues de haber recibido Odu para que ese Echu camine con el iniciado-- y Echu no goza del Ache de Olodumare. Cual es el fundamento epistemologico que infiere la creencia de que Odu es cosa de "hombres" y que Echu u Orula son Orichas que puedan transmitir Ache si no son recipientes de una virtud que otorga Olodumare exclusivamente a Los Orichas?

Odu expresado en Ifa representa el descenso del espiritu desde Orun a La Tierra; **Odu expresado en Ocha** representa el curso de una Vida en transito por La Tierra para cumplir con el Destino de su Leri y para ello necesita **Ache Oricha**. Para cumplir con los compromisos contraidos por su espiritu para encarnar el iniciado debe hacer los ebo marcados por Odu y quien los haga debe ser recipiente de Ache Oricha para que la encarnacion de Odu se realize a plenitud evidenciando su caracter sagrado. Como pudieron los antepasados aceptar que reglas violatorias de tal fundamento fueran impuestas para defenestrar sus sagradas cabezas y se impusiera como Convencion que los sacerdotes controlaran El Reino en La Tierra y sometieran a la divinidad Oricha a un modelo humanista de civilizacion que degrada su soberania en Orun y Ara ?

Chango en Ogbebara viene a la tierra a reclamar a los antepasados su traicion y como Obakinioba demanda el Reino de Ocha. En Ogberoso Elegua arremete contra quien averguence a Olodumare.

Ona Oricha.

Olofi Omo Iku Aye Ala Olorun se manifiesta en Ara en la jerarquia del Obakinioba Oni Chango.

El pacto de Chango con Iku requiere menga nkisi y eso es kongo; quiere decir que congo y lukumi son el fundamento que completa un caracter antropomorfico identificable en Odu a partir de fundamentar a **7 rayos**.

La mas elevada Jerarquia de Ocha en Ara y en Onile la confiere Chango al Obakinioba en virtud de su consagracion como **Oricha Egun** *en Igba Iwa Ache. Debajo de La Jerarquia de Obakinioba estan los Olochas e Iworos en grado de divinizacion; Alaguabanas y Oluos vinieron a buscar cabeza y si la que eligieron salio buena tambien estan obligados a rogarselas y quien tiene fundamento para hacer ese ebo si no es el Obakinioba. Los Babalaos tambien tienen* **Alaleyo** *que hacer rogar.*

Desde 2007 **Odun Isentaye,** La Letra del **Alara Oni Oni Ogbebara Obakinioba Obatesi** en Igba Oricha decreto en Estera el Ebo para vencer en esta etapa de ascencion de Oricha Egun en Ara.

El Munanso Kimbisa guarda Igba Iwa Ache y el fundamento vivo de Chango Obakinioba que administra el Ache que Olodumare confiere a los Orichas.

El Ache que requiere el ebo Las Leyes lo custodian. Portate bien, sigue *ita* para merecerlo.

El Santo anuncio que lloveria caracoles y llovio caracoles –son el dinero de Los Santos- y nadie salio a recogerlos. El Santo los recogio en **Ogbe** y los guardo en El Castillo construido con el mortar de Los Ancianos. Luego El Santo anuncio que lloveria dinero –circulaba entre Aleyos- y todos salieron a capitalizar infortunio. Cuando El Santo vio a todos correr tras El Dinero y pelear por corromperse decreto que todos tuvieron que traer caracoles recogidos Al Santo para salvarse de Infortunio inoculado en el dinero.

Eyeunle tonti Oche. El Loro represento a Cuba en la Letra de Ifa que rigio para los cubanos desde 2012 . Olofi convoco a un concurso en el que seria reconocida y premiada la belleza de las aves. Todas se confabularon contra El Loro que victima de todos los hechizos, mpolos y encantamientos de sus adversarios, todo manchado, gano por virtud del habla y su pluma roja la Bendicion de Olofi.

La **Nacion Lukumi** *esta globalizada gracias a Cuba y aspira rescatar su ile Ocha. El sacerdocio invita a los cubanos a hacer ebo.* **Cuba es un modelo de civilizacion humanista** *sincretizado en La Santeria y la Potencia favorecera a toda la cumunidad que se nutre de la tierra que recibe ese ebo. El eyebale sin Ache es osorbo; hay que apelar al Ache que Olodumare distribuye a Los Orichas para recibir su ire. Hay una invitacion a La Unidad que la cumunidad kongo lukumi debe atender como exigencia del ebo de* **Odun Isentaye**.

#athanor

#nganga #palo # #nfumbe #kerere #malembe #kiako #mambe #abasi

La #ciencia de los #milagros se muestra incapaz de explicar la naturaleza sagrada de las cosas. Ciencia ingenua e impotente sin sagrada energia.

Luatute y la mirada distante

El Santo viene hablando Odu ------radiografia de Luatute a julio 21/2013-- en 4-3 osorbo(79)elese egun (4)onire La Prenda(76) ebodo(8)

Odu donde nace Eru, el espiritu primero, EL ALIENTO e indica que Luatute es espiritista y que los muertos le hablan. El ebo que permite trascender el osorbo de 79 --la injusticia, las perdidas y la esclavitud a favores mal pagados que usurpan su silla-- y que necesita recibir una Prenda para que Agana tenga asiento en la tierra y se recupere lo perdido y se propicie la riqueza que Los Muertos vaticinan.

Lo primero es lo primero. Ahorita en una libreta compila los nombres de todos tus familiares que estan ibae y a esa lista incluye los amigos que ibae. pones una principe negro --flor muy roja casi negra- y prende una vela blanca frente a un vaso con agua y reclama sus nombres para que vengan a visitarte y asistirte en lo que en justicia tu reclamas. Esa lista vas a iluminarla cada vez que puedas o los viernes. Hay que rayarte y debes recibir Nkuyo Malongo para que tus muertos encuentren como trabajar en La Tierra y puedan favorecer en el cumplimiento de tus mas elevados propositos -que son los de ellos porque tu eres ADN potenciando su evolucion.

Lo segundo en orden de consagraciones requeridas por Odu 4-3 para potenciar el bienestar de su encarnacion y su proposito en La Tierra es recibir Elegua y los Orichas Guerreros con Agana Olokun. Con esos fundamentos El Santo dice que El Hijo del Viento alcanza su Corona.

Ahorita para que puedas abrir la puerta a la oportunidad y la indecision no sea un obstaculo sino que potencie lo que tu estas enfocado en realizar te compras en cualquier botanica un collar de **peonia** (no se sabe si tiene el ojo negro o colorado) y usalo cuando puedas o cargalo en tu cuerpo. Consigues dos monedas de plata, las lavas con agua de mar y luego con agua de coco verde y dejas una detras de la puerta de tu casa y la otra la cargas contigo.

Evita la carne roja y ten cuidados especiales el sistema respiratorio.

Para dormir usa una gorro blanco.

Dice Odu que Tu puedes ser hijo directo de Olokun, Agana, lo cual es indicativo de tu relacion con el fondo del mar cuya profundidad nadie conoce y que ese espiritu que viene del mar solo necesita a Elegua, Ogun, Ochosi y Osun y su fundamento para realizarse en Ocha o sea, para armonizar la frecuencia energetica que fluye desde el fondo del mar y la **Ona** que rige la cabeza de su Omo Luatute.

Siembra un cangre de yuca en tu tierra para ganar raiz.

Oricha Egun no conoce lo distante.

El sincretismo #Lukumi

La Ciencia no puede ser dogmatica. La Ciencia es sincretica porque es la comunion entre conocimiento y realidad lo que en una sociedad globalizada requiere disponer de un lenguaje que trascienda las barreras ideograficas programadas por el modelo civilizador humanista que impiden asumir La Realidad que resulto ser cuantica tal y como la describieron los espiritus poseyendo cuerpos bioenergeticos que con ita han podido accesar Al Santo y representarlo en La Tierra.

ITA es un registro de **Odus** que representan **ona**s vibratorias en las que el Oricha puede manifestarse en La Tierra. Preservar la vida segun lo establece el codigo de **Odu Ita** permite consagrase a lo sagrado. #Humanizadores han pretendido atribuir a Orula la facultad de transgredir #Ita sin efecto secundario lo cual es una aberracion para la presencia de la divinidad Oricha que es la que decreta el Ache y hace las cosas posibles en La Tierra.

La Santeria es el legado de una tecnologia ritual ancestral que por razones transculturales facilitadas por el sincretismo se preservo como conocimiento a los pies de Los Santos catolicos. Los catolicos siguen un Dogma que la Santeria realiza al divinizar Cabezas.

El sincretismo es el fundamento de La Ciencia. La Santeria une el poder de todos los Ancestros divinizados de las tradiciones de las culturas batu, ewe y catolica para alcanzar la santidad. El poder de los espiritus divinizados permite en sincretismo superar hegemonismos y barreras culturales y hacer posible que La Ciencia sea un modo de vida que como el ile sirva de paradigma para la convivencia en comunion con lo sagrado.

Science can not be dogmatic. Santeria is the legacy of an ancient ritual technology that for cross-cultural reasons survive as knowledge at the feet of the Catholic Saints,. The Catholics follow a dogma that Santeria performed deifying Heads.

El Santo redime al individuo de la esclavizacion a valores humanistas que violan la jerarquia sagrada de Olodumare y sus Reglas; lo diviniza.

La gravitacion en la espiral vibratoria de Opa encadena las 9 emanaciones de Olorun que como Odu se somete a transitos encarnatorios por Orun y Onile hasta que es absorvido por el Oricha y se incorpora a el como Oricha Egun que vuelve a asistir al Oloricha en la #ayuba.

En orden los cantos de lavatorio propician a Elegua,Ogun,Ochosi,Inle,Sojuano, Ochaoko,Oke,Korikoto.Ogue,Dada,Ibeyi,Agayu,Chango,Obatala,Oba,Yewa,Oya,Yemaya,Ochun y Orumila y despues del canto de Orumila se continua con el canto del oricha que se este consagrando y eso tiene un proposito dirigido a la creacion de un estado bioenergetico donde Osain seas capaz de parir Orichas.

En **El Evangelio segun David** el espiritu que habla viaja al despertar de las cosas.

Obara Meyi como Odu que viene a regir en Aiye desde el 2015 asocia la reduccion de los niveles de oxigeno disponible en la atmosfera terrestre y el incremento de la actividad y resistencia de microbios en la salud de la cadena biologica a la perturbacion que supone el cambio climatico en el descenso en la fotosintesis de los arboles y su menor absorcion de dioxido de carbono (CO2). La preservacion de la salud depende de disponer de los niveles adecuados de oxigeno **para que las celulas generen salud.**

"Hemos de ENCARNAR el cambio que propugnamos en el mundo" -Mahatma Gandhi

Soy el autor y mi nombre fue dado a David que el 29 de julio estara rigiendo en Sextil la radiacion infinita del Absoluto y puedo predecir con autoridad de Obara en Leo que el aumento de poder del universo en ocasion de su presencia kosmica encamina a sus hijos a la emancipacion del humanismo doctrinal --Goliath-- y a restaurar su condicion divina.

Los ricos mueren por exceso de atencion medica. En Israel cuando el sistema de salud esta en huelga las muertes disminuyen un 45%

La influencia del Gran Sextil en la sintonizacion con las memorias ancestrales potenciara la unificacion de la consciencia bioenergetica desde la sexta dimension. Un gran evento evolutivo para la asuncion del ser kosmico. El 8 de agosto abrimos La Puerta del Leon y comenzo la Restauracion del Reino.

A Micaela la caso en su casa el doctor Mateo Fontanilla en Camaguey. Hoy ella anda por el Parque Agramonte en la retreta.

El desprecio a los valores eticos y morales que refleja la cultura occidental liderada por #sion es su traicion al Espiritu como valor trascendente. A estas alturas en la evolucion de la especie una epistemologia sin significados absolutos que se fundamenten en el legado espiritual de la Humanidad es solo una ideologia que enajena la condicion sagrada de la realidad en la que habita.

Esa insinuacion de las palabras describiendo lo sagrado procede de la asistencia de espiritus que legaron su obra humana descifrando los codigos de La Divinidad.

Musica Maestro.

Se requiere que muchas cabezas aporten a este tema para tener aproximaciones a un conocimiento preservado en la cultura cubana como legacia Lukumi que en la Diaspora se inserta en la religion y la ciencia. Chango baba Emi nos asista descubriendo el tesoro de Sabiduria contenido en lo sagrado del Tambor Bata.

La musica de Ocha es la expresion ancestral de conocimiento cuantico preservado y desarrollado por tradiciones Lukumi para energeticamente actuar sobre los campos sutiles de la materia mediante vibraciones sonoras y cadencias, secuencias y tonos usando como herramientas tambores bimembrafonos confeccionados con piel del chivo --o el venado que es veloz-- de los sacrificios sobre un tronco de madera ahuecado que crean estimulos vibratorios capaces de activar la memoria celular y propiciar la ascencion de la consciencia por los hilos del ADN y la armonizacion integral de lo que es llamado "espiritu" y materia en ese frecuencia que causa la posesion . Terapia ritual y fisica cuantica. El sonido actua en el cuerpo energético y los chakras limpiando mediante resonancia el campo áurico. La vibración actua a través del sistema nervioso a nuestras células, tejidos y órganos conectando al ser integral en una dimension mas elevada de su ser consciente lo que aumenta su frecuencia luminosa.

La compilacion de **codigos sagrados** de las frecuencias ritmicas y sonicas con las que comulgamos con Olodumare a traves de Los Orichas tiene fundamento en la #**Ayuba** o la Palabra como ofrenda individual de Olo, la cabeza que reconoce corona. Los #Bata reproducen la palabra amplificada de los Olorichas en comunidad y en comunion con Olodumare a traves de Aña, la Deidad que habita en #Ilubata, familia de tres tambores compuestos por la madre, el padre y el hijo que como instrumentos reproducen la Ayuba con el proposito de llamar a los Orichas para que se manifiesten en el **wemilere** o reunion, hablen y compartan la bendicion del Cielo con la comunidad.

Ilubata reproduce codigos vibratorios y frecuencias ritmicas diferenciadas en estos tres tambores bimembrafonos que permiten tener comunicacion con los Oricha. Esto quiere decir que un conocimiento ancestral posee la Sabiduria para conectar a un Oricha con un Oloricha para que este se manifieste en La Tierra usando el recurso vibratorio del bata como instrumento sonico capaz de activar la puerta dimensional. El compendio de esos codigos es patrimonio de la cultura cubana y ha sido estudiado por diferentes disciplinas de las ciencias para explicar como puede moverse esa sopa con el Bata.

El uso extendido del **Bata** como instrumento musical sin **Aña**, tambien atribuible a la busqueda de la sonoridad cubana, indica el grado de ascencion del oido colectivo a la llamada Oricha.

El espiritu fusiona nuevas sonoridades y ritmos para armonizar la dualidad femenina y masculina de la musica en otra dimension armonica. Si el tuyo pide Tambor, dejate llevar y pon a vibrar el cielo con tu sonoridad.

#implantado

Decir que la Santeria es una religion Yoruba es faltar a la verdad. La Santeria es una "religion" lukumi que consolida en America su sincretizacion con la cultura catolica universal. Lukumi es el gentilicio con que se identifican los descendientes de las tradiciones de la cultura Batu Ewe seguidores de las Reglas Sutumutukuni y Ocha que hablan en Chamalongo y Obi el mismo lenguaje y lo traducen a la lengua catolica. La capacidad sincretica que caracteriza a los lukumi establece la diferencia entre las relaciones catolicas y protestantes para insertar La Ciencia a la corriente universal de la cultura en el Nuevo Mundo. Los Santeros no pueden ser yoruba porque los yoruba no son catolicos.

La religion expresa lo trascendental de la realidad, lo mas pulcro de la consciencia influida por la cultura de la sociedad en la que se expresa y podrá parecer inaceptable o incomprensible para otras culturas.

Atandá (primer awo que construyó los primeros sagrados tambores Batá) tocó los sagrados Bata, por primera vez, se tañeron a la sombra de un gran álamo y con la anuencia de Changó.

Santo.
La Bendicion alcanza el ile. La representacion de Olofi en La Tierra es Chango. La Jerarquia de Chango Olodu Omoalara Oni Oni Obakinioba como representante de Olofi y Olodumare rige Onile por tratados de Odu legados de La Corte del Reino Lukumi de Ocha que carecen de FUNDAMENTO en Ara dentro de la tradicion yoruba como para insertarla en El Reino. Para que Odu ejerza su influencia en el ser humano tiene que pasar por su dimension Oricha. Odua se consagra a traves de Chango Obakinioba porque nace de Caracol. Atribuir la cultura Olofista a los yorubas carece de fundamento y sirve al colonialismo cultural que ha humanizado a La Divinidad dada su interpretacion antropocentrista de Ifa.

La contradiccion con la tradicion yoruba y el legado Lukumi tiene FUNDAMENTO Oricha porque el fundamento "iku lobi Ocha" determina la interpretacion de la Luz gracias a los grados de ascencion de Egun -las jerarquias de Odu, Ogbedi-- solo a traves del concurso de Orun y la espiritualidad universal que pueda tener fundamento para manifestarse en Ara.

La conspiracion humanista. Tradicionalistas y #santeros.

La #santeria Lukumi propone la divinizacion humana mediante el #ache del #ebo. Ocha-Ifa proponen la humanizacion de Lo Divino mediante la #sabiduria del ebo sacrificando el Ache.

Las convenciones aplicadas a Ocha a partir del siglo xix por los colonialistas ingleses de ife comenzaron a manifestarse en una guerra que dura hasta hoy entre #santeros y #babalaos debido a la campaña de desinformacion y ataque contra los #paleros que forman parte del fundamento de la #santeria #lukumi desde que se integraron en una Diaspora a la que Iku no mata sincretizada con la unica cultura occidental que rinde culto a los muertos y los diviniza.

La difusion con fines colonialistas de informacion manipulada a favor de los intereses colonialistas de Ife fue siempre opuesta al reconocimiento de la identidad de la tradicion bakonga que habia logrado posicionar a la Potencia Bakoko en la Corte Lukumi gracias a la sincretizacion de cultos a Egun que dan fundamento a la #**Santeria**, una tradicion que ya en su origen africano era sincretica Ewe y Ocha y es eminentemente una religion de origen bakongo, lukumi y catolica de culto a los muertos o Egun.

La Diaspora tiene como fundamento el culto a Egun, comun en todos Los Reinos que se establecieron en America para gestar un nuevo mundo. El culto a Egun reunio en America a ***Las Reglas Sutumutukuni y Ocha*** esparcidas por toda Africa, antes --mucho; desde el siglo xv se establecieron en Cuba y Brasil las Cortes de los Reinos Batu y Ewe descendientes del Imperio de Oyo fundamentado en Opa por Odua y que es la verdadera cuna de la civilizacion que rinde culto a Olodumare y Oricha Egun y es legado de la Sabiduria de Orunmila que reino en toda Africa-- de que ile Ife fuera fundada por Orunmiyan como el Reino de los sacerdotes que se oponian al reino de las divinidades y siglos despues bautizada -siglo xvii- cuna de la cultura yoruba por ingleses, - fundamentado en el conocimiento y la Sabiduria oracular con base en 4 conchas o **Chamalones** concavo-convexa que permiten la comunicacion humana con la Divinidad, Orun y los Orichas y crearon la identidad sincretizando el culto a Egun y adhiriendo los santos catolicos a su Nganga para propiciar el #ire del Cielo en La Tierra. La Santeria es el fruto historico de las relaciones de Los Reinos con los Santos Catolicos que hoy expresan La Ciencia en frances, portugues y español gracias a que el ambito del culto a los muertos de la cultura catolica permitio su sincretismo y supervivencia.

#**iku** y el #pacto #nganga. En virtud del pacto Nganga el Tata es iku y entra y sale de la Prenda a voluntad con Chamalongo como guia y baquiano, boca de Nfumbe para decir lo que Mpungo dice Ntoto Nsulo.

Hoy Obatala me hizo ebo en el Almendro. Nsambia akutara. Dios nace toda vez; no para de nacer en lo que diviniza.

El antropocentrismo esta ideologicamente enajenado de La Ciencia.

La Ciencia Kosmica resume el #pensamiento que a traves de la Eras ha elaborado el #ser #humano en su transito evolutivo a traves de etapas de pensamiento teocentrico, geocentrico y heliocentrico .

La Ciencia Kosmica trasciende las limitaciones ideologicas aristotelicas que junto a las religiones sin fundamento en #dios enajenan al humano de su condicion divina.

La ancestralidad del conocimiento kosmico en las muestras compiladas en Cuba procede de La Diaspora africana que introdujo el Culto a Olodumare.

Consagrar una piedra es poner en movimiento a una montaña.

#Monsanto propone destruir la capacidad de producir alimentos naturales.

No podemos esperar a que ocura el #milagro; debemos producirlo.

#**Ojo pelao** con los vapores nicotinicos procedentes de tabaco transgenico. *El humo del tabaco no puede ser sustituido por vapores de tabaco sintetico si al fumar se pretende atraer atencion espiritual. Ni que hablar del peligro a La Salud del espiritu ofuscado.*

La importancia de #rayarse en #palo. Mucho se ignora -o se ha hecho ignorar- acerca de la #prenda como instrumento de Egun. Han querido quitarle el poder a #Egun de caminar en La Tierra para colonizarlo con mas facilidad. Miles de ita no reconocen poder pleno al Oloricha para ser la herramienta adecuada de su Oricha por carencia de poderes de Egun. No obstante los ifeistas -rebeldes a La Corona- siguen adelante sin llevar a sus iniciados a #LaPrenda y lo peor es que no tienen fundamento que pueda sustituirla para propiciar Coronas de Ocha en Onile.

La experiencia sincretica de la #**diaspora** que preserva el legado de las **Reglas Sutumutukuni y Ocha** segun tradiciones kongo lukumi ha demostrado su relevancia en el Nuevo Mundo con la bendicion de espiritus como el del Isue **Andres Facundo Cristo de Los Dolores, Ta'Miguel, Ta'Jose** y muchos otros Obas que juramentaron y consagran la **Kimbisa** y las Ramas Nganga que han sido instrumento de #poder para #vencer sincretizando y retomando el origen o sumando sus partes para propiciar la #divinizacion de los humanos.

#iku lo bi #ocha.

Este es otro capitulo de argumentos para la sempiterna #guerra entre #kongos y #yoruba por La Corona. La Corona representa a Divinidades que el proyecto colonizador de Echu humaniza para averzonzar a Olodumare. Los significados colonizados por el humanismo estigmatizan la divinizacion para justificar mantenerla sojuzgada.

#ndoki es un #nkisi que se identifica con Echu en Odu Ifa... #**nsambi** es ese Nkisi con identidad de Odu Oricha. #**nkisi** es la dualidad de #odu armonizado con los poderes duales, hembra-macho, negativo-positiva, ibeyi, capaz de unificar poderes del Cielo en La Tierra gracias a la consagracion de su cuerpo, las manos, la lengua, la cabeza, los pies y la espalda. El cuerpo una vez consagrado en #rayamiento es una Nganga con poder para comunicarse con los elementos que sirven como aliados e instrumento a los espiritus ancestrales Egun que son animados desde su adn porque habitan en el y que segun su ascencion en Luz y Progreso le permitiran a La Cabeza ascender a la Luz plena de Ocha y bajarla con propiedad y firmeza a los pies donde la encarnacion debe encaminarse por sendero fresco con la ayuda de los Orichas de la colaboracion Elegua, Ogun, Ochosi y Osun.

La importancia del Bakiña #rayarse en #palo. Mucho se ignora -*o se ha hecho ignorar*- acerca de La Prenda como instrumento de Egun. Han querido quitarle el poder a #Egun de caminar en La Tierra para colonizarlo con mas facilidad. Miles de ita no reconocen poder pleno al Oloricha para ser la herramienta adecuada de su Oricha por carencia de poderes de Egun. No obstante los ifeistas -*rebeldes a La Corona*- siguen adelante sin llevar a sus iniciados a #LaPrenda y lo peor es que no tienen fundamento que pueda sustituirla para propiciar Coronas de Ocha en Onile.

#dinamica #consciencial de Eyeunle Tonti Odi. La desinformacion estrategica se fundamenta en la aprehension del todo sin la conceptualizacion que otorga el conocimiento de su mas infima parte.

Ogbedi- Lo macro debe ser conceptualizado, interpretado y comprendido desde lo micro. El repartir la sabiduria en todas las cabezas quiere decir que en una sola de esas cabezas esparcidas de Dios esta el resto del Universo. Ogbedi despierta al Adivino y tiene prohibido el cafe.

El humanismo doctrinal socava la dignidad de lo divino de Ogbedi. El conocimiento adquiere significacion divina cuando se desprende de #humanismo en la #epistemologia de Ogbedi como precursor de la #adivinacion que de lo particular accesa a #Odu. El ascesis de lo particular al Pluriverso es Ogbedi y es esa su virtud para recibir la mision de despertar al #adivino.

El #humanismo es un #terrorismo o el "terrorismo" en si?

El humanismo doctrinal socava la dignidad de lo divino de cada particula y no puede ser aplicado epistemologicamente a Ogbedi sin caer en una contradiccion de conceptos fundamentales para interpretar Odu segun la epistemologia Olofista.

Eyeunle Tonti Odi, Olo y Okun, Obatala y Yemaya con Ochaoko y Ogun habla de la calcificacion de las sales con las que Boromu hizo la materia prima para que Baba diera forma a los huesos que el humanismo entierra.

Eyeunle Tonti Odi **rige en #Agana y marca el punto de contacto de Obatala con Okun en Onile que permitio que las aguas dulces volvieran a su cauce y propiciara el matrimonio de Yemaya con Ochaoko para bien de La #humanidad.**

Unle, cada Cabeza es un mundo. Cabeza lleva al cuerpo. La montaña tiene Alguien que la sostiene. La Muerte no mata a quien la invita a cenar. El ojo no mata al pajaro. La gallina blanca no reconoce ser un pajaro viejo. Cuando el Juez es deshonesto pagan Justos por Pecadores. En La Union esta la fuerza.

Kosmic #Identity : *Nkisi Kimbisa Ntoto Nsasi Malongo Ndoki quantum dot solar cell Alara Oni Oni Chango Olodu Ogbebara Obakinioba Obatesi.*

#Emi es #Olodumare en cada vida.

Un grupo siniestro se ha constituido #estadoTerrorista.

Un Oba o un Oloricha que haya sido consagrado Nkisi cuando esta en estera puede preguntar al Oricha si La Prenda onire en osorbo iku. Si carece de ese fundamento pregunta si debe ir al pie de Orula por un Paraldo.

"La pituitaria es, -dice Edgar Cayce-, la glándula más alta del cuerpo, está relacionada con la luz y se desarrolla en el silencio. La glándula Pineal es el punto de arranque de la construcción del embrión en el seno de la madre. La Tiroides entra en acción cuando se debe tomar una decisión y actuar. El Timo corresponde al corazón. Las Suprarrenales son nuestro centro emocional y actúan sobre el Plexo Solar. Las células de Leydin son el centro del equilibrio masculino-femenino y en fin, las gónadas son el motor del cuerpo físico."

el estado no nos salvara.

NEXOS: El Lire, el arbol sagrado que llama a **7 Rayos** y donde baja Chango. La Lira, el instrumento sagrado de Apolo, consta de siete cuerdas que originan los tonos de los siete planetas, los cuales elevan el espíritu del hombre. Los siete colores del arco iris también nos muestran al septenario como regulador de vibraciones y frecuencias de energia, consciencia y materia kosmica.

Quien atiende la Leri del Oba? Chango comisiona a Ogue el cuidado de su Leri y para evitar que los enemigos del Trono lo envenenen es Ogue quien come sus eyele. Ogue es la Mpaka de Chango. Chango no come eyele pero Obatala si las aprecia. Chango hace rogativa a su Leri haciendo ebo con Ogue para vencer arriba Ntoto y con Obatala para mantener la bendicion de Olofi. El llamado a atender la Leri del Oba debe haber consagrado sus manos en Igba **Iwa Ache Oricha.**

El Gobierno del Mundo

; Olofi rige #Onile en #Obara Meyi y comisiona a sus hijos Chango y Ochun el Reino quienes gobiernan #Aye a traves de #Yemaya y #Ogun. De inexplicable a evidencia es lo que acontece en estos dias de crisis humanitaria y Ochun parece destinada a intervenir de nuevo para salvarla. El 8 de Agosto pasamos La Puerta del Leon en ire. En setiembre 7 y 8 -dias de celebracion por Cachita, La Caridad del Cobre que sincretiza a Ochun- se estara invocando en todo el mundo su intercesion. Hay que hacer ebo para queOchun lleve el mensaje y Olofi pueda escuchar el merito de los argumentos que va a exponer la Humanidad para salvarse.

Advierte Odu que El Santo habia anunciado que haria llover armas y solo los creyentes las recogieron. Luego anuncio la #guerra y que haria llover dinero y los que no creian salieron a recoger dinero para pagar por la proteccion de las armas que los creyentes habian atesorado.

Isentaye vaticina y sugiere que asi como Olofi comisiono a Chango y Ochun el Gobierno del Mundo el gobierno civil deben ejercerlo los hijos.

Consultas para determinar ebo www.keen.com/kimbisa

Olofi se retiro cuando entendio que su proyecto fue fallido por el Hombre que usurpo su identidad y sometio a La Vida al asedio #terrorista del #valor y los #intereses.

La Regla establece que **Ifa** no entrega Orichas y que la entrega de **Orula** debe tener como proposito la consagracion del Echu correspondiente al signo de ifakan que marca la llegada del iniciado a La Tierra que debe recorrer con la benevolencia de Echu -consagrado por Babalaos- y la bendicion de Egun, los Orichas Elegua, Ogun, Ochosi y Osun consagrados por un Oloricha *preferiblemente antes* de que Echu entre en la vida del iniciado. El Reino Lukumi sincretizado fue exigente con el requisito del bautismo para iniciar a un aleyo en Ocha.

El Reino de Ocha propicia el transito de encarnaciones en Aye y la determinacion de **Alaleyo** sigue siendo Potestad de Obatala. Orula no tiene jerarquia sobre Obatala ante Orunmila independientemente a las Convenciones que justifiquen que Orula a pesar de ser un Ocha sea considerado por los colonialistas de Ife -hicieron caso omiso de la maldicion de Obatala- otro Oricha con mayor jerarquia que Obatala ante Orun. Maferefun Orula Kaferefun Obatala.

El ejercicio social de la nueva vertiente **Ocha Ifa** establecida en la Convencion de La Habana propicio que fuera **Echu** quien suplantando La Potestad de Ocha le abriera camino a **Elegua** y entonces los sacerdotes de Ifa se han visto obligados a entregar Orichas como Ogun, Ochosi y Osun que carecen del Ache de Los Orichas para decretar el ire del iniciado en su transito en Ara lo cual ha minado la credibilidad del sector del sacerdocio que sin fundamento de Igba Iwa Ache no puede propiciarlo. El ache es virtud que otorga Olodumare a Los Orichas y es Chango Obakinioba quien distribuye ese Ache segun la virtud alcanzada por La Cabeza que el Oricha usa en Onile para vibrar en Odu mediante la guia de su Ita. Es Regla que el Santo hable en Caracol y Chango elige hablar en Caracol para representar a Olodumare y el Ache sin prescindir de Ifa en su condicion de Oricha Egun primogenito de Olofi y con jerarquia en Onile cuando representa la Corona de su Odu en Igbas Orun y Aye.

La letra del año para Onile. Isentaye: Vaticinios. La victoria de la inmortalidad divina.

La energia promueve la elevacion en las escalas y estructuras de la vida en La Tierra y con ella la ruptura cultural con los atavismos y los sistemas e instituciones enclavados en el humanismo como modelo colonizador de la divinidad.

Isentaye es la ceremonia de adivinacion o Ita realizada en cada nacimiento en Ocha -a la Luz- permitiendo el acceso al conocimiento de la Naturaleza Oricha y el ebo que propiciara a Egun con Echu y Elegua para que favorezcan la accion de las encarnaciones en Aye, La Tierra y que ese conocimiento permita evitar obstaculos camino a Casa.

Isentaye se fundamente en La Ciencia de Odu como representacion de la consciencia solar del humano en cuanto ente energetico de procedencia divina y kosmica, solar y lunar que vibra en la frecuencia terrestre.

Awofila: un gorro es una cubierta de La Cabeza y las cabezas consagradas incluyen a su gorro los elementos terrenales a los que Olofi, Olorun, Olodumare y Los Orichas les ha conferido la capacidad de potenciarla vibracionalmente en cuanto Odu e intensificar su frecuencia y longitud de onda en Aye y Orun. Eyeunle, La Cabeza lleva al cuerpo y la aguja lleva el hilo en 8-5 Ogbeche Eyeunle Tonti Oche refieren el transito jerarquizado del Espiritu desde La Corona Adanica (DNA Crown) en su descenso hasta Aye donde se le ofrenda un gallo y se festeja a Elegua con musica de flauta en La Ria junto a Yemaya. El espiritu de Odu transitara a traves de Awofila y participara en la armonizacion de Leri, La Cabeza, Eyeunle y el cuerpo que a los pies sincronizara con el ire de Oche, La Aguja que lleva el hilo en conjuncion y resonancia con Los Guerreros Elegua Ogun Ochosi para transitar en Onile y festejar el destino con el aval historico del hueso viejo.

El Ache de la Nsala

Comenzo todo a manifestarse en orden de aparicion en un momento que es tan actual como el deslizarse lineal del cursor que llena el espacio digital con 01 en codigo binario para propiciar significados nuevos en cada parto de letras; ocupando espacio todo vino y se sigue recreando. Abordo el tema porque estaba determinado que yo viniera como aventere Chango a servir al Reino de Ocha en Onile. La Reina de Las Coronas nacio en el palacio de 2 hechiceros que batian sangre condimentada en sus calderos.

La herencia Sutumutukuni y Lukumi actualmente capitaliza el paradigma del Nuevo Mundo al propiciar conocimientos de Ciencia Kosmica del Palo Monte y el Mayombe y Ocha como Reglas que otorgan fundamento para el culto a Iku, -el muerto pare al Santo- y a Oricha segun los preceptos establecidos en el origen de la obra de Olofi, Olorun y Olodumare para el desarrollo integral de La Divinidad que la Humanidad ha esclavizado civilizadamente.

La Ciencia Kosmica, marginada por esclavistas es perversamente catalogada religion lo que permite su folklorizacion e impide que sea de obligada difusion en los centros educativos y sirva de motor impulsor para emancipar a La Divinidad del humanismo y crear instituciones que no ofendan a Olodumare.

El Obakinioba Obatesi ofrece en este volumen significados glosados que validan el conocimiento de La Ciencia Batu Ewe transmitida por las Reglas de Palo y Ocha Lukumi gracias al sincretismo de la Santeria y al Ache, que ha superado las limitaciones epistemologicas impuestas por el humanismo doctrinal y permitido el ascesis emancipado de Las Divinidades a Oyo. **Obatesi,** el Rey de Ate, La Estera, fue enviado Oni Oni por Olofi a La Tierra en Ogbebara y planto Igba Iwa Ache para restaurar El Reino.

ISBN 978-1-329-48277-7

www.ingramcontent.com/pod-product-compliance
Lightning Source LLC
Chambersburg PA
CBHW080230180526

45158CB00008BA/2453